北大社 "十三五"普通高等教育本科规划教材
高等院校工业设计专业系列规划教材

设计心理学（第2版）

主　编　张成忠　范正妍　曹海艳

副主编　陈　婷　谭雅昕

参　编　夏进军　张建敏

　　　　夏　燕　蒋小华

U0201380

北京大学出版社
PEKING UNIVERSITY PRESS

内 容 简 介

本书是在 2007 年出版的《设计心理学》基础上进行修编的，主要调整了部分内容，使用了许多较新的案例。全书分为 7 章，第 1 章为心理学概述，介绍心理学的产生与发展、主要流派、研究方法及与工业设计的关系；第 2 章为需要心理及其类型，介绍需要的概念及基本特征、需要类型等；第 3 章为动机、行为与设计，介绍人的动机和行为的基本概念、情绪行为及设计中的动机协调；第 4 章为人的知觉特性与设计，介绍人的知觉、知觉特性要素等；第 5 章为操作行为与设计，介绍操作过程中人的生理尺度、操作心理等；第 6 章为产品创意心理，主要针对设计师介绍创造与心理、设计师的创造欲望、产品设计与用户出错等；第 7 章为设计实例分析，分为经典设计、学生设计作品两部分，分别分析了设计中的心理学思考。

本书可以作为高等院校工业设计及相关设计专业的教材，也可以作为高等职业技术院校设计专业的教材，并可供其他从事设计工作的人员参考使用。

图书在版编目 (CIP) 数据

设计心理学 / 张成忠，范正妍，曹海艳主编 . —2 版 . —北京：北京大学出版社，2016.8

（高等院校工业设计专业系列规划教材）

ISBN 978-7-301-27264-0

Ⅰ. ①设… Ⅱ. ①张… ②范… ③曹… Ⅲ. ①工业设计—应用心理学—高等学校—教材

Ⅳ. ① TB47-05

中国版本图书馆 CIP 数据核字 (2016) 第 155824 号

书　　　名	设计心理学（第 2 版） Sheji Xinlixue
著作责任者	张成忠　范正妍　曹海艳　主编
策 划 编 辑	童君鑫
责 任 编 辑	黄红珍
标 准 书 号	ISBN 978-7-301-27264-0
出 版 发 行	北京大学出版社
地　　　址	北京市海淀区成府路 205 号　100871
网　　　址	http://www.pup.cn　新浪微博：@ 北京大学出版社
编辑室邮箱	pup6@pup.cn
总编室邮箱	zpup@pup.cn
电　　　话	邮购部 010-62752015　发行部 010-62750672　编辑部 010-62750667
印 刷 者	北京宏伟双华印刷有限公司
经 销 者	新华书店
	787 毫米 ×1092 毫米　16 开本　13.5 印张　312 千字
	2007 年 2 月第 1 版
	2016 年 8 月第 2 版　2023 年 7 月第 5 次印刷
定　　　价	58.00 元

第2版前言

《设计心理学》自2007年2月出版以来得到了广大设计院校教师和学生的支持，他们对该教材给予了充分的肯定。但是，设计这门学科是与时代联系相当紧密的，设计心理学在发展，教材中所举实例也逐渐跟不上现代审美的发展步伐。因此，非常有必要对《设计心理学》进行修编。

设计的过程，无论是从用户角度考虑还是从设计师的角度考虑，都牵涉心理学问题，这些问题都具有设计学科的特点和规律性，特别是从设计师的角度考虑的问题，通常不被设计师重视。消费者和设计师都是具有主观意识和自主思维的个体，都以不同的心理过程影响和决定设计。殊不知设计师的心理与使用者的心理时常是不统一的，有时相差极大。

设计不是绘画，不是表现自我情绪，而是为了满足人的需要，进而引导大众的一种创造活动。设计师应该熟知消费者心理、社会文化现象及其发展，与时俱进。同时，了解设计师本身设计时的心理状态并控制好自身状态，使其与消费者心理同步，设计师以良好的心态和融洽的人际关系进行设计，并与客户和消费者进行有效地沟通，才能在设计实践中创造更多的经典作品。

在设计实践中，如何运用心理学的研究成果进行创造活动是设计心理学的重点。因此，从某种意义上来说，设计心理学的任务是研究如何在设计实践中更好地运用心理学取得设计成果。

本书是为了满足设计专业本科教学而编写的。在教材编写过程中除保留心理学的基本原理及相关理论外，编者针对设计实践的需要对内容和结构作了大胆的调整及编排，希望能更好地适应设计专业学生的学习需要。

本书由重庆大学张成忠、范正妍和兰州交通大学曹海艳主编，具体编写分工：张成忠编写第1章；重庆大学夏进军、张建敏编写第2章；曹海艳、夏燕编写第3章和第6章；四川绵阳师范学院蒋小华编写第4章部分内容；范正妍编写第4章其余内容和第7章；重庆交通大学陈婷与重庆医科大学谭雅昕编写第5章。本书的资料汇总和整理工作由谭雅昕负责。

由于编者水平所限，书中难免有不足之处，望读者及同行指正。

编　者
2016年2月

第1版前言

众所周知，设计是一门边缘学科。它将工程、技术、艺术、社会文化等学科联系起来，相互交叉，形成了一个综合性很强的独立体系。虽然设计这一学科（特别是工业设计学科）目前在我国已经有了很大的发展，但要真正地成熟起来，还需要健全自身的设计理论，其中包括设计心理学的理论。

设计心理学属于应用心理学范畴，目前工业设计或艺术设计中的设计心理学主要借鉴于普通心理学的基本原理、基本理论和研究成果，而针对设计自身的研究成果还比较少。有关设计心理学的研究方法、手段、消费者心理，特别是设计师创造心理方面的研究还远远不够。总之，设计心理学与其他心理学分支学科相比，还未形成成熟的体系，有待于进一步的发展和完善。这需要广大的设计师及学者积极地为之不断努力。

设计不是绘画、不是表现自我情绪，而是为了满足人的需要（包括物质的和精神的需要）进而引导大众的一种创造活动。设计师应该熟知消费者的心理，熟知社会文化现象及其变革，并与时俱进，只有这样才能在设计实践中创造更多的经典作品。

本书是为了满足设计专业本科教学而编写的。鉴于上述原因，在编写过程中除保留心理学的基本原理及相关理论外，编者针对设计实践的需要对内容和结构作了大胆的调整和编排，希望更能适合设计专业教师和学生的需要。

本书由重庆大学张成忠、吕屏主编，山东大学赵英新审定，具体编写分工：第1章由张成忠、吕屏编写；第2章由夏燕编写；第3章由张建敏编写；第4章由蒋小华编写；第5章由陈婷编写；第6章由曹海艳编写；第7章由张成忠、夏燕编写，杨飞提供了部分资料。

由于编者水平所限，书中难免有不足之处，望读者及同行指正。

编　者

2006年6月于重庆

目　录

设计心理学 第 2 版

第1章 心理学概述

　　研究一门学科，首先应该掌握这门学科是什么，研究对象和研究方法是什么，心理学也不例外。心理学从整体出发来研究心理现象，这无疑会使心理学更加接近人的实际生活，对于研究以人为中心的设计心理学而言无疑是必要的，也是重要的。

1.1 心理学与设计心理学

心理学兴起于西方，一般分为两大类：普通心理学和专业行业心理学，两者是一般和特殊的关系。设计心理学作为应用性心理学科，应建立在普通心理学理论研究基础之上，并与设计实践高度结合。

1.1.1 心理学简介

心理学（英文Psychology一词是由希腊文中的psyche与logos两字演变而成的，前者意指"灵魂""心智"，后者意指"讲述"）。心理学的历史源远流长，不同时期对"心理"有着不同的界定。古代原始人认为人的生命依赖于呼吸，呼吸停止，生命也就完结了，因此心理学被认为是一门研究灵魂的学科。而在哲学心理学时代，心理学则被认为是阐释心灵的学问。随着科学技术的不断发展，心理学的研究对象也发生了巨大变化，自1879年德国学者冯特(W. Wundt，1832—1920年)受到自然科学的影响，建立心理实验室之后，心理学正式脱离思辨哲学而成为一门独立的学科。

心理，是心理现象、心理活动的简称。心理并不是人所独有的，动物也有心理。因此有些心理学家也以动物作为研究对象。但是我们通常所说的心理学，是一门研究人的心理现象及其发生、发展规律的科学。

另外，也有学者从研究方法的角度将心理学定义为一门行为科学，他们认为行为是心理的反映，研究行为比研究心理更直接、更具有可操作性。因为心理是不可观察的，而行为是可观察的，其观察的结果也是可以度量的。可以这样说，不论从什么角度开始研究，不论用什么方法进行研究，最终是研究人的心理活动的，单纯的研究心理是没有的，即使是形而上学的心理学理论，也必须以人的行为为依据。这是因为，人的心理是大脑的一种功能，是在头脑中进行的，而行为只是心理活动的输入和输出，只有通过研究输入和输出才能进一步由逻辑得出心理的活动。这就像要了解一座秘密工厂一样，我们要想知道这个"工厂"在生产什么、规模如何，但又无法进入这个"工厂"进行实际调查，因此只能通过运入"工厂"的原材料及其数量、运出"工厂"的产品的种类、规格及其数量、进出"工厂"的"工人"等达到上述目的。

心理学虽然研究的是个体的心理现象，但同时还需要考虑到个体所处的社会环境，因此它也与各种社会科学有关。同时心理学还与神经科学、医学、生物学等自然学科有着密切的关系，因为这些科学所探讨的生理作用会影响个体的心理状态。心理学还与哲学有密切的关系，古代哲学等许多著作中都有着丰富的心理学思想。如中国古代的关于人性善恶的探讨，古希腊的哲学家亚里士多德、柏拉图等在论著中对心灵和肉体关系的探讨等。因此，心理学是介于自然科学与社会科学之间的一门跨学科的科学，是兼有自然科学性质和社会科学性质的中间科学，是沟通自然科学与社会科学的桥梁之一。

心理现象是心理学的研究对象，心理学研究心理现象，就是要揭示心理现象发生、发展的客观规律，并用以指导人们的实践活动。人的心理现象是自然界最复杂、最奇妙也是人们最熟悉的一种现象，它是指心理活动经常表现出来的各种形式、形态或状态，如感觉、知觉、想象、思维、记忆、情感、意志、气质、性格等等。当我们用耳朵听，用眼睛看，用鼻子闻，用舌头尝，用手摸的时候，就会产生感觉和知觉，这就是最简单的心理现象。同时，人在认识客观世界的时候，总会对它采取一定的态度，并产生某种主观体验，从而形成了各种各样的情感，这些也是心理现象。而心理学就是以科学的态度和方法来研究这些心理现象，找到它们产生、发展，以及相互影响的原因和导致的结果。

人的心理现象又可以分为心理过程、心理状态和个性心理三个方面：

心理过程是指人的心理活动发生、发展的过程，即客观事物作用于人(主要是人脑)，在一定的时间内大脑反映客观现实的过程。包括认识过程、情绪和情感过程、意志过程，三者合在一起简称为"知情意"。这三个方面的心理活动，经常处于动态变化之中，都有其发生、发展、终止或升华的过程，它们彼此又以其相互联系、相互促进、相互制约而构成人的整个心理过程。

心理状态是介于心理过程与个性心理之间的既有暂时性、又有稳固性的一种心理现象，是心理过程与个性心理统一的表现。

个性心理是显示人们个别差异的一类心理现象。由于每个人的先天因素不同，生活条件不同，所受的教育影响不同，所从事的实践活动不同，导致这些心理过程在每一个人身上产生时又总是带有个体特征，从而形成了每个人的兴趣、能力、气质、性格的不同。例如，有的人性情暴烈，易于激动，有的人则性情温和，不易发脾气；有的人活泼开朗，有的人则经常多愁善感；有的人善于交际，有的人则沉默安静，这些都是人们在气质、性格等方面的个别差异。在心理学里，这些都统称为个性心理特征，也是普通心理学研究对象的一个重要组成部分。

心理过程、心理状态和个性心理，三者体现着人的心理活动在"动态－过渡态－稳态"方面上的相互关系。人的个性是在心理过程的基础上逐渐形成和发展的，而个性又总是通过各种心理过程表现出来。心理过程和个性的相互制约关系，从整体上反映着人的心理活动的共同规律和差异规律的辩证统一，心理学就是要研究和揭示这些心理现象及其规律。

今天，心理学已成为具有100多个分支学科的庞大学科体系，如实验心理学、认知心理学、生理心理学、发展心理学、社会心理学、人格心理学、临床心理学、咨询心理学、教育心理学、工业心理学、组织心理学、司法心理学、健康心理学、军事心理学、妇女心理学、消费心理学等，都是心理学庞大学科体系中的成员。而且随着人类社会实践活动的发展，心理学的分支学科还会继续增加，心理学的研究已经涵盖了人类社会的各个活动层面，包括内心与外显的、个体与群体的，从而构成了心理学的整体内容。

1.1.2　设计心理学简介

设计心理学是建立在普通心理学基础之上，研究人们的心理状态，尤其是人们对于需求及使用的心理、意识并运用于设计实践的一门科学。它同时研究人们在设计创造过程中的心态，以及设计对社会及个体所产生的心理反应，反过来再作用于设计，从而起到使设计能够更好地反映和满足人们心理需求的作用。

设计心理学以心理学的理论和方法研究决定设计结果的"人"。其研究对象，不仅仅是用户，还包括设计师。通过对用户心理的研究，集中了解用户在使用过程中如何解读设计信息、如何认识设计等基本规律。同时，设计心理学研究不同国家、不同地域、不同年龄层次的人的心理特征，了解如何采集用户心理的相关信息、分析信息并从心理学角度对用户的心理过程进行分析，用分析结果来指导设计，以便有效地避免设计走入误区和陷入困境，是设计获得用户的广泛认同和良好的市场效能的保证。而对设计师心理的研究，是以设计师的培养和发展为主题，探询设计师创造思维的内涵并对其进行相应的训练，促进设计师以良好的心态和融洽的人际关系进行设计。同时，对设计师心理的研究还涉及使设计师如何与用户进行有效的沟通，敏锐而准确地感知市场信息，了解设计动态。其中创造心理学和创造技法是对设计师进行心理研究并对设计师进行心理训练的重要组成部分。

现代设计越来越关注人在其中的决定因素，设计在实践中不断发展，因而迫切需要设计心理学理论的支撑。设计作为一门尚未完善的学科，其边缘性决定了设计心理学也是一门与其他学科交叉的边缘性学科。例如，设计心理学与人机工程学的联系，是生理学与心理学的结合，是使设计满足用户生理上和心理上的需要并可对设计提供评估的重要理论依据之一。而且，环境心理学、照明心理学、色彩心理学、消费心理学等学科也介入了设计学科的研究领域。所以，设计心理学研究的范畴很广，而且随着设计理论的不断发展，与其他学科的融合会更加紧密。

1.2　心理学的起源与发展

人类对心理现象的研究，可以追溯到原始社会。当时，由于生产力水平很低，人们只能被动地顺应自然。对自然灾害，如雷雨、闪电、地震、洪水、猛兽的侵袭都无力对付，对人的生老病死以及睡眠与梦境都感到惊奇和恐惧。面对大自然的无可抵御的可怕力量以及种种难以解释的神奇现象，人们也就自然地将之归于神灵而加以崇拜。于是，人类历史上便产生了一种最早的心理学思想，这就是"灵魂说"。这是人类原始的信仰，是人类最早的心理学思想。对这一古老心理学思想作出较大贡献的，主要有古希腊的德谟克利特、柏拉图、亚里士多德等先哲。他们著书立说，发展并弘扬了这一原始心理学思想。亚里士多德的《灵魂论》，可以说是世界上的第一部心理学专著。所有这一切，都标志着人类已经注意并实际开展了对产生于人的机体中的这种奇妙的精神现象的探索。

1.2.1　哲学与心理学

从古代开始，历经中世纪、文艺复兴以至到19世纪中叶，心理学始终没有成为一门独立的学科体系。人类对心理的探索和研究夹杂于对哲学和神学的研究中，心理学的内容融汇或包括在哲学和神学的内容体系中。心理学家是由哲学家、神学家、医学家或其他科学家兼任，心理学的研究方法主要是思辨的方法。

同时，就古代心理学思想的内容来看，可以说，自有人类文化以来，哲学与心理学的关系极为密切，心理学思想的产生和发展与哲学有着千丝万缕的联系。

1．西方哲学与心理学

在哲学思想的发展历程中，古希腊的亚里士多德(Aristotles)、欧洲文艺复兴之后法国的笛卡尔(René Descarts)以及17世纪英国的洛克(John Loke)等三位思想家对心理学的发展影响最大。

亚里士多德对灵魂的实质、灵魂与身体的关系、灵魂的种类和功能等问题，从理论上进行了探讨。他的著作《灵魂论》是世界上第一部论述各种心理现象的著作。

笛卡尔提出了先天观念论，认为人类生而具备足以产生感官经验的心理功能，且这种与生俱来的理性控制着身体的一切活动。他的这一理念后经18世纪德国哲学家康德(Immanuel Kant)发展，成为哲学思想主流之一的理性主义。笛卡尔关于身心关系的思想推动了人体解剖学和生理学的研究，他对理性和天赋观念的重视，对现代心理学的理论发展具有重要影响。

相比之下，洛克反对笛卡尔的先天观念论，提倡经验主义。洛克认为人的心灵最初像一张白纸，没有任何观念，一切知识均来自后天经验。经验主义演变到18—19世纪，形成了联想主义思潮。联想主义把联想的原则看成全部心理活动的解释原则，认为人的一切复杂观念是由简单观念借助联想而形成的。

2．中国朴素唯物主义与心理学

中华民族有五千年的灿烂历史文化和丰富的哲学、心理学遗产，为整个人类文明的兴盛发展做出过重大贡献。在现代西方心理学未传入中国以前，中国的哲学家、教育家、思想家的著作中就已经记载着许多朴素的心理学思想。

春秋时代，儒家学说的创造者孔子提出了很多关于如何治理臣民的心理学思想，如强调道德教化的"道之以政，齐之以刑，民免而无耻；道之以德，齐之以礼，有耻且格"，"举直错诸枉，能使枉者直"意思是说推举正值有才能的人，会影响无德无才的人，使他们向好的方向转变。这即是一种管理心理学的思想。

此外，孔子最有名的还是他的教育心理学思想。他提出，学习时首先应该采取虚心的实事求是的态度："知之为知之，不知为不知，是知也。"其次，他主张学习的知识面要广泛，学习的途径也要多样化。"学而时习之"，还要"不耻下问""三人行，必有我师焉，择其善者而从之，其不善者而改之。"最后，孔子还强调思与学的关系，"学而不思则罔，思而不学则殆""不愤不启，不悱不发。举一隅不以三隅反，则不复也"，即如果学生在学习上不努力思考，以至对问题不理解的话，自己是不会去启发开导他的。如果在学习了一段时间后，学生仍然不具备举一反三的能力，那么自己也就不再对他进行教导了。

在管理心理学上，孟子发展和改造了孔子的"礼治"和"德政"的理论，提出了"仁政"的学说。另外，还主张"以德服人""以力服人者，非心服也，力不瞻也；以德服人者，中心悦而诚服也"。在学习理论上，孟子一样持"先验论"观点，孟子认为，"学问之道无他，求其放心而已"，意思是说求知识和才能只要把他失掉的本性找回来就行了，也就是说，不用到现实中去实践。

老庄道家是整个中国哲学史上最具思辨色彩的理论体系之一，这一派别的学说主要强调"道""无"。老子认为，世界本源是"无"，所以在学习理论上，老子认为认识事物不必到客观现实中去，知识不是从实践中来的。庄子将老子的这种学习理论加以发展，在庄子看来，万物都是一样的，而之所以不同完全是人的主观认为的不同，他认为认识没有对错，也完全没有是非标准，所以庄子完全否认认识的可能和必要。他在《养生主》中说："吾生有涯，而知也无涯，以有涯随无涯，殆已。"这即是说生命有限，而知识无限，以有限的生命去追求无限的知识，那是必然失败的。他主张从根本取消认识，以求"道"。

此外还有墨子、荀子、董仲舒、扬雄等思想家、哲学家的朴素心理学思想，对中国现代的心理学的发展也有深远的影响。

1.2.2　现代心理学

19世纪中后期，由于生产力的进一步发展，自然科学取得了长足的进步，科学的威信在人们的头脑中逐步生根。这时心理学也开始接近成熟，并逐步摆脱哲学的一般讨论而转向于具体问题的研究。这种时代背景为心理学成为一门独立的学科奠定了基础。与此同时，在19世纪后期的德国，费系纳、冯特实验心理学的兴起，标志着具有真正意义的现代心理学的诞生，也使得心理学作为一门独立的学科走上了历史舞台。

1．现代心理学的发展

心理学成为一门独立的学科，除了外在的社会、政治、经济条件与当时的自然科学技术水平条件的满足外，其复杂的内在条件也日趋成熟。在这方面做出重要贡献的有：赫尔姆霍茨、韦伯、费希纳和冯特，其中冯特的贡献尤为突出。冯特，是公认的第一个把心理学转变成一门正式独立学科的真正奠基者，也是心理学史上第一位真正的心理学家。他的《生理心理学原理》是心理学史上第一本真正的心理学专著。

赫尔姆霍茨关于颜色视觉的"三色说"、听觉的"共鸣说"，以及以蛙的肌肉为实验材料测定出神经冲动传导速度为30米/秒等开创性的实验研究工作，对感觉心理学的形成、发展以及对当时刚刚兴起的采用实验法研究心理学的工作，起了极其重要的推动作用。

韦伯在感觉器官生理学方面做出了杰出贡献。著名的韦伯定律证明了可以对感觉进行测量，可以用实验方法来研究心理学问题，这是一个重要的发现。而他对感觉阈限的测量研究则成为现代心理学中的一个重要的组成部分，他的数量法则的实验方法，对心理研究的各个方面均产生了实质性的影响，并加速了心理学独立的进程。

费希纳提出了心理学是关于心理现象与物理现象之间有规律的相互关系的科学构想，且对此做了大量实质性的工作。他提出的感觉强度与刺激强度的对数成正比的基本心理物理规律，已经成为心理学中运用精确方法的典范。费希纳在他近60岁时还出版了《心理物理学纲要》，从而奠定了心理学的基础学科——实验心理学的基础。

真正意义上的心理学研究开端，是以1879年冯特在德国莱比锡大学建立世界上第一个心理实验室为标志的。对心理现象进行系统的实验研究，宣告了科学心理学的诞生。心理学界把开始系统的实验研究作为科学心理学诞生的标志，这是因为科学特征中所强调的客观性、验证性、系统性三大标准，只有通过实验才可能做到。因此，冯特本人被誉为实验心理学之父。他的著作《生理心理学原理》被心理学和生理学两学界推崇为不朽之作。

心理学作为一门真正独立的科学，虽然只有短暂的百余年的历史，但是，在这短短百余年的历史中却获得了惊人的发展，人类对心理现象探索研究的深度和广度，也都达到了前所未有的程度。众多学派中，有从内在的意识去研究的、有从外在的行为去研究的；有从静态去研究的、有从动态去研究的；还有从生物学、数理学、几何学、物理学、拓扑学、民族学、文化学等种种不同角度去研究的，从而使现代心理学理论得到了更好的完善。

2．现代心理学五大理论

古今中外的思想家、教育家、心理学家对人的心理的研究，可以归结为两种取向，即科学主义取向与人文主义取向。前者的基本特征是，主张以心理现象为研究对象，强调心理学的自然科学性质方面，重视研究的客观性，倡导量的研究，即定量分析。后者的基本特征是，主张干预人的精神生活，强调心理学的社会科学性质方面，重视研究的主体性，倡导质的研究，即定性分析。现在的一般共识是，古代思想家、教育家对人的心理的探索，主要是采取人文主义取向，但也有不少心理学思想合乎科学主义取向的精神。自1879年冯特创建科学心理学后，西方对人的心理的研究，主要采取科学主义取向，但人文主义取向却也一直绵延未断，且日益发展深化。如早期精神分析与新精神分析、人本主义心理学、超个人心理学，以及后现代心理学等，一直高举人文主义研究取向的大旗，同科学主义研究取向相颉颃。就世界范围来讲，现代心理学正从一元文化模式转向多元文化模式，心理学研究的科学主义取向也有与人文主义取向相结合与统一的趋势。具体来说现代心理学的研究主要存在着五大理论：

1）行为论

行为论即行为主义者所持的理论。行为论者的主要论点是，个体一切行为的产生与改变，均系于刺激与反应之间的联结关系。在现代心理学主题中，行为论主要偏重在学习、动机、社会行为以及行为异常等方面的研究与应用。

2）精神分析论

现代心理学中常用的精神分析论一词，一般是指弗洛伊德以其潜意识为基础对行为内在原因所做的解释。在现代心理学主题中，精神分析论主要偏重于对身心发展、动机与遗忘、人格发展、行为异常以及心理治疗等方面的研究与应用。

3）人本论

人本论主要由人本心理学家马斯洛与罗嘉思二人所倡导，该理论以人性本善及天赋潜力的观念来解释在正常环境下，个体自我实现的心理历程。在现代心理学主题中，人本论主要偏重在学习、动机、人格发展、咨商与辅导以及心理治疗等方面的研究与应用。

4）认知论

认知论包括认知心理学中广义的与狭义的两种理论。广义泛指一般认知历程的解释，狭义仅指对信息处理行为的解释。在现代心理学的主题中，认知论主要偏重在学习、智力发展、情绪、心理治疗等方面的研究与应用。

5）生理科学观

生理科学观以生理心理学与神经心理学的知识为基础，对个体行为与心理历程做出一系列的解释。在现代心理学的主题中，生理科学观主要偏重在身心发展、学习、感觉、动机、情绪、行为异常等方面的研究与应用。

1.3　心理学主要流派与代表人物

1879年以来，整个心理学界的学术研讨非常热烈，以至于出现了以往从未有过的繁荣局面。在冯特创立现代意义的心理学理论以后，又接二连三相继出现了众多的心理学流派，他们或反对或继承冯特的理论，或另辟蹊径、独树一帜。提出自己的理论观点。各种各样、大大小小的心理学派上百个。这些学派分布广泛，遍布世界各地。

这些学派，有的从内在的意识去研究，有的从外在行为研究，有的从意识表层去研究，有的从意识深层去研究，有的从静态、动态研究，还有的从生物学、数理学、几何学、物理学、拓扑学、民族学、文化学等其他不同角度去研究。但所有的学派、包括相互继承的学派，它们在心理研究对象、范围、性质、内容以及方法上都既有联系，又各不相同。这百余年心理学发展的速度以及研究成果，远远超过以往人类历史上对心理研究成果的所有总和，对心理现象探索研究的深度和广度，也都达到了前所未有的程度。

在心理学百年历史的发展过程中，出现了十大学派。而贯穿心理学百年史的主线，就是十大学派形成和发展的历史。这十大学派是：内容心理学派、意动心理学派、构造主义心理学派、机能主义心理学派、行为主义心理学派、格式塔心理学派、精神分析心理学派、日内瓦心理学派、人本主义心理学派、认知心理学派。

1．内容心理学派

内容心理学派产生于19世纪中叶的德国，内容心理学派的代表人物主要有费希纳(G.T.Fechner，1801—1887年)和威廉·冯特(Wilhelm Wundt，1832—1920年)。费希纳(图1.1)把物理学的数量化测量方法带到心理学中，提供了后来心理学实验研究的工具。他被认为是现代西方心理学的主要缔造者之一，他的心理物理学为冯特心理学的建立起到了奠基作用。

威廉·冯特(图1.2)，德国心理学家，他的《生理心理学原理》是近代心理学史上第一部最重要的著作。1856年冯特获得医学博士学位，1875年任莱比锡大学哲学教授，1879年他在莱比锡大学建立了第一个心理学实验室。在该实验室培养的一大批学生是冯特在心理科学实践上的历史贡献之一。他为心理科学的开创及发展造就了一代新人，因此被誉为近代心理学第一人。

冯特将内省实验法引入了心理学。他请对方向内反省自己，然后描写他们自己对自己的心理工作方法的看法。他创造了特殊的方法来训练对方，让他们更仔细和完善地来看待自己，但不过分地解释自己的心理。这个工作方式与当时的心理学研究方式非常不同。当时的心理学更多的是被看作哲学的一个分支进行研究的。

2．意动心理学派

1874年意动心理学派创始人布伦塔诺(F. Brentano，1838—1917年)出版了《从经验的观点看心理学》，反对冯特的内容心理学。他指出，我们看见或思考的事物(意象，观念)是意识的内容，看和思的对象，并非心理学的对象，看和思等意识的动作才是心理学研究的对象。布伦塔诺作为德国意动心理学派的创始人，开辟反冯特主义的欧洲机能心理学研究的新取向，并且对目的心理学、精神分析心理学和完形心理学均起到理论先驱的作用，影响直至今日。

图 1.1　费希纳

图 1.2　威廉·冯特

　　布伦塔诺(图1.3)认为灵魂就是心理现象，研究灵魂也就是研究心理现象。他还认为心理学的研究方法是内省，即自我观察。内省是把经验回忆起来加以观察。虽然他不反对在实验条件下进行内省，但他认为这种观察不需要实验室。由此看来，布伦塔诺的研究方法是和冯特不同的，他的主要方法是观察而不是实验，即自我观察。另外，他还主张对别人的言语、动作和其他表现进行观察，并对动物、儿童、变态的人以及不同阶段的文化进行研究。

　　总之，意动心理学派认为心理学研究的对象不是感觉、判断等思维内容，而是感觉、判断等思维活动，即"意动"，并将"意动"概念作为中心的心理学概念进行阐述。

3．构造主义心理学派

　　构造主义心理学是对内容心理学思想的继承和进一步发展。但构造主义心理学派绝不等同于内容心理学派，二者无论在形成的时间、地点及研究方法和具体内容上，都存在着差异。

　　铁钦纳(E.B.Titchener，1867—1927年)主张心理学的对象是经验，但他又不同意冯特的直接经验与间接经验的区分。他同时又认为"心理不是脑的机能"，而"身体只是心理的条件"。这样，铁钦纳又把神经系统与心理割裂开来了。

　　铁钦纳（图1.4）认为心理学要成为一门科学应该仿效生理学和形态学，对心理的构造进行实验分析。这种分析是一切心

图 1.3　布伦塔诺

图 1.4　铁钦纳

理学研究的出发点，对心理机能的研究也不例外。铁钦纳信奉冯特的心身平行论，既反对用物理刺激解释意识的起因，又反对用生理现象解释心理现象的起因。他认为心理过程的发生能参照相应的神经过程做出说明，但后继的心理学家对于这样的解释并不满意。按照他的构造主义原理，铁钦纳发现的心理元素有3种：感觉、表象和感情状态，其中不能再简化的"心理原始粒子"是感觉。三者有质量、强度、明晰性和持续时间长短等属性差异。一切复杂而各异的高级心理过程都是由这三种元素复合而成的。

铁钦纳主张，心理学应该研究心理或意识内容的本身，不应该研究其意义或功用。他坚持心理学是一门纯科学。

铁钦纳的构造主义在所有早期的心理学体系中是最严密的体系。构造主义学派虽然由于其狭隘性而最终解体，但它在相当长的一段时间内决定了美国心理学的发展方向，并在与机能主义学派的长期论战中，极大地促进了美国心理学的发展。

4．机能主义心理学派

广义的机能主义心理学派从19世纪50年代中期开始形成，包括意动心理学派、符茨堡学派、日内瓦学派、行为主义和哥伦比亚机能主义心理学派等众多分支。狭义的机能主义心理学派主要指美国的芝加哥机能主义心理学派(实用主义心理学派)。它出现在19世纪末20世纪初。1859年达尔文进化论学说的出现，使得宗教和神学遭受了致命的打击。詹姆斯和杜威等人把主观唯心主义、功利主义哲学和经验批判主义理论合并，并利用达尔文的进化论学说提出一套实用主义哲学理论，同时也标志着机能主义心理学派的诞生。

机能心理学派强调心理现象对客观环境的适应和功用，而不以研究意识经验为限。同时，这一学派重视心理学在各个领域内的功效和应用及改进心理学的研究方法。其代表人物有：

1) 威廉·詹姆斯(William James，1842—1910年)

詹姆斯(图1.5)主张心理学可以采用实验法，还主张把比较法作为内省法和实验法的一种补充方法。他认为心理学是一门自然学科。詹姆斯的实用主义观点对后来美国心理学特别是机能主义心理学的发展产生很大影响。其主要心理学著作有：《心理学原理》(1890年出版)。

2) 约翰·杜威(John Dewey，1859—1952年)

杜威(图1.6)的心理学为美国狭义的机能主义提供了基本概念和理论基础，其心理学思想主要有以下几点：

(1) 认为心理活动是一个连续的整体。

(2) 明确主张心理学的研究对象是整个有机体对环境的适应活动。

(3) 还认为人的活动与社会是一个整体，心理学不能把人脱离社会进行研究。

(4) 在心物关系上，反对构造主义所主张的心物平行论，认为意识不是副现象，它对人的生活有作用，是整个有机体适应环境的工具。

此外，美国的卡尔和安吉尔(1869—1949年)也是机能主义学派有影响的心理学家。

机能主义心理学派的影响是深远的。美国心理学对人类学习过程的研究以及应用领域的扩展，大都受到这一学派的启发。今天，虽然机能主义心理学作为一个阵线分明的学派已不复存在，但它的观点已融合在心理学发展的主流中。

图 1.5 威廉·詹姆斯　　　　　　　　图 1.6 约翰·杜威

5．行为主义心理学派

1913年，美国心理学家华生(J.Watson，1878—1958年)发表了《一个行为主义者眼中所看到的心理学》，宣告了行为主义心理学的诞生。

行为主义观点认为，心理学不应该研究意识，只应该研究行为。所谓行为就是有机体用以适应环境变化的各种身体反应的组合。行为主义者在研究方法上摈弃内省，主张采用客观观察法、条件反射法、言语报告法和测验法。这是他们在研究对象上否认意识的必然结论。

华生(图1.7)一方面反对内省，另一方面又不能不利用只有内省才能提供的一些素材。于是他把内省从前门赶出去，又以"言语报告"的名义从后门请进来。这样就把言语的两种作用混淆了。言语固然和动作一样是对客观刺激的反应，但也可用来陈述自己的心理，这种陈述其实就是内省。

在行为主义心理学派内部，又产生了新行为主义这一分支，其主要代表人物有E·托尔曼、C.赫尔和B.F.斯金纳(图1.8)。新行为主义的产生，主要是由于早期行为主义无视有机体的内部过程，引起了不少人的非难和反对。托尔曼首先提出了"中介变量"的概念，试图用在刺激和反应之间的有机体内部发生的变化来解释刺激-反应公式所不能解释的事实。赫尔认为有机体内部进行的事实，应该用严格的逻辑，演绎出一系列互相连接的定理，从而建立一种可靠的行为科学理论体系。斯金纳认为，心理学应该研究观察不到的心理活动。早期行为主义把意识经验排除在科学之外的做法是不明智的。为此，他提出操作条件反射的概念，认为复杂行为是由强化而建立的操作活动。斯金纳还把他的理论应用于解决社会问题。他的小说《华尔登Ⅱ》在美国具有广泛影响。新行为主义比早期行为主义更注意内部过程，同时扩展了行为主义所研究的问题。

图 1.7 华生

图 1.8 B.F.斯金纳

6．格式塔心理学派

　　格式塔心理学派是20世纪初期在德国兴起的心理学派，也称完形心理学派。其创始人为魏特曼(Max Wertheimer，1880—1943年)、柯勒(Woifgang Kohler，1887—1967年)和考夫卡(Kurt Koffka，1886—1941年)，如图1.9所示。

魏特曼

柯 勒

考夫卡

图 1.9　格式塔心理学派的代表人物

　　格式塔心理学派认为知觉经验服从于某些图形组织的规律。这些规律也叫作格式塔原则，主要有图形和背景原则、接近性原则、相似性原则、连续性原则、完美图形原则等。

　　格式塔心理学派的实质"不是用主观方法把原本存在的碎片结合起来的内容的总和，或主观随意决定的结构。它们不单纯是盲目地相加起来的、基本上是散乱的难以处理的元素般的'形质'，也不仅仅是附加于已经存在的资料之上的形式的东西。相反，这里要研究的是整体，是具有特殊的内在规律的完整的历程，所考虑的是有具体的整体原则的结构"。这被认为是格式塔心理学的核心主张。

格式塔心理学主要是研究知觉和意识，其目的在于探究知觉意识的心理组织历程。格式塔心理学所强调的是，知觉经验虽得自于外在的刺激，各个刺激可能是分离零散的，而人由之所得到的知觉却是有组织的。对结构主义者而言，各元素之和等于意识之总体；对行为主义者而言，各反应之和等于行为之整体；但对格式塔心理学者而言，部分之和不等于整体，而是整体大于部分之和。原因是在集知觉而成意识时，增加了一层心理组织。所以知觉的心理组织，才是最重要的。以四直线构成正方形为例，我们所得到的知觉不是等长的两横线和两直线之和，而是一个完整的正方形；四直线之外，另加了一层"完形"的意义。也就是说，客观刺激容易按以上的规律被知觉成有意义的图。因此，格式塔心理学也叫完形心理学。

目前，格式塔学派在个别领域中仍相当有影响。

7．精神分析心理学派

精神分析心理学派由奥地利医生西格蒙德·弗洛伊德(Sigmund Freud，1856—1939年)创立。精神分析是从治疗人的心理障碍开始发展起来的。为了治疗的目的，弗洛伊德(图1.10)重视探索人的动机和行为的根源，从而弥补了传统心理学的不足，改变了心理学研究的方向。精神分析心理学派认为，人的重要行为表现是自己意识不到的动机和内心冲突的结果。精神分析学派后来产生了分化。其中坚持弗洛伊德的性本能、无意识和性心理发展阶段的被称为经典精神分析流派；重视社会文化因素作用的被称为新精神分析学派。

精神分析学派重视内心冲突和早期经验的作用，这对后来许多心理治疗技术都产生过重要的影响。此外，精神分析学派关于家庭关系、社会文化差异、过分的竞争和压力等问题的观点，也受到当前教育、医学、社会学和心理学界的普遍重视。

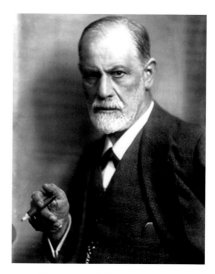

图1.10　西格蒙德·弗洛伊德

8．日内瓦心理学派

日内瓦心理学派又称皮亚杰(Jean Piaget，1896—1980年)心理学派，是瑞士日内瓦大学教授、杰出的心理学家、哲学家皮亚杰(图1.11)创建和领导的。他们认为，人类智慧的本质就是适应。而适应主要是因为有机体内的同化和异化两种机能的协调，从而才使得有机体与环境取得了平衡的结果。

但是，皮亚杰学派对人的社会性和实践性活动重视不够，对环境，特别是对教育的作用估计偏低，对人类智慧的结构化有些牵强武断。其基本理论仍未跳出唯心主义的圈子。

图1.11　让·皮亚杰

9．人本主义心理学派

人本主义心理学是20世纪60年代在美国兴起的一个心理学新学派。其主要代表人物是美国心理学家A．H．马斯洛(Abraham H. Maslow，1908—1970年，图1.12) 和C.R.罗杰斯(图1.13) 等人。他们的观点与近代心理学两大传统流派——弗洛伊德的精神分析学派及华生的行为主义学派有分歧，在西方已被称作心理学的第三种力量。

人本主义心理学派中，学习观点是这一派别的核心，其学习论者认为，学习就是使学习者获得知识、技能和发展智力，探究自己的情感，学会与教师及集体成员的交往，阐明自己的价值观和态度，实现自己的潜能，达到最佳的境界。

人本主义学习论者以潜能的实现来说明学习的机制。他们反对刺激-反应这种机械决定论，强调学习中人的因素。注重人的独特性，主张人是一种自由、有理性的生物，具有个人发展的潜能，与动物本质上完全不同。人的行为主要受自我意识的支配，人们都有一种指向个人成长的基本需要。但其不足的地方是由于学习的机制异常复杂，尚待进行系统的大量研究。而人本主义学习观过于强调实现先天潜能的内在倾向，忽略了时代条件和社会环境对于先天潜能的制约和影响。

图 1.12　A.H. 马斯洛　　　　　图 1.13　C.R. 罗杰斯

10．认知心理学派

1967年美国心理学家奈瑟尔(Neisser，1928—2012年，图1.14)《认知心理学》一书的出版，标志着认知心理学已成为一个独立的流派。认知心理学有广义、狭义之分，广义的认知心理学是指凡是研究人的认识过程的，都属于认知心理学。而目前西方心理学界通常所指的认知心理学，是指狭义的认知心理学，也就是所谓的信息加工心理学，它是指用信息加工的观点和术语，通过与计算机相类比、模拟、验证等方法来研究人的认知过程，认为人的认知过程就是信息的接收、编码、存储、交换、操作、检索、提取和使用的过程，同时强调人已有的知识和知识结构对他的行为和当前的认知活动起决定作用。认知心理学最重大

图 1.14　奈瑟尔

的成果是在记忆和思维领域的突破性研究，其基本观点就是把人看成信息传递器和信息加工系统。

认知心理学在20世纪70年代成为西方心理学的一个主要研究方向。它研究对象是人的高级心理过程，主要是认识过程，如注意、知觉、表象、记忆、思维和语言等。同时，认知心理学是反对行为主义的，但也受到它的一定影响。认知心理学从行为主义那里接受了严格的实验方法、操作主义等。

1.4 心理学的研究方法

在真正意义上的心理学确立之前，人类对心理的探索和研究夹杂在对哲学和神学的研究过程中，并没有把它当成一个独立学科来对待。心理学的内容融汇或包括在哲学和神学的内容体系中，其研究方法主要是思辩的方法。然而，现代心理学既然是一门科学，就需要通过一定的研究方法将研究内容量化并与实际相对照从而得出结论。因此，现代心理学的研究方法主要是通过人的外在行为进行研究的。

1.4.1 观察法

所谓观察法，即在日常生活的条件下，有目的有计划地通过观察和记录被试者的外部表现(行为、动作、言语、表情等)，以了解其内部心理活动的方法。观察记录的内容应该包括观察的目的、对象、时间，以及被观察对象的言行、表情、动作等的质量和数量等，另外还有观察者对观察结果的综合评价也是观察者应该注意的内容。

通过这些观察获取被试者的外部表现，再联系心理学中关于人的行为心理分析理论，我们就可以大致得知被试者的心理活动。这种方法需要观察者具有大量的观察实践，有充足的经验，有可靠的观察方法，因为人的外部表现实在太复杂了，有些表现属于无意识的，有些是无意义的，有些甚至是与所提及的问题毫无关系的，观察者要善于去除那些不符合我们要求的外部表现。观察者要成功地完成观察，即保证观察所得的信息的确切性，则其要做到：

(1) 观察要有明确的目的、计划和要求，写好观察提要。

(2) 做好全面的细致的记录，可以使用录音和录像。

(3) 善于分析记录材料，做出符合实际的结论。

(4) 对于不同的观察要采取不同的策略。

(5) 要分析行为和行动的动机。

观察法中常用方法有：

(1) 次序法——先观察什么，后观察什么，要有一定次序。观察有次序，表达才能有条理。

(2) 综合法——先局部后整体，或先整体后局部。

(3) 重点法——对能突出中心的部分进行重点观察，其中包括细节观察。

(4) 比较法——用对比的方法观察事物，目的在于区别事物的不同点或相似处，从比较中发现事物的特征。

(5) 衬托法 ——有些事物，如果只看本身，没有什么特别之处，如果注意观察与其有关联的其他事物的情状，借以衬托，就能把这些事物观察得更加具体、形象。

(6) 时序法 ——场面、景物、事件等随时间变化而变化，观察者以时间为序进行观察。

(7) 点移法 ——观察者以地点移动为顺序进行观察的方法。由于观察地点的变化，景物也随着变化了。

(8) 情序法 ——观察者以事件的情节发展为序，一步一步地进行观察的方法。

1.4.2 实验法

实验法，是有目的地严格控制或创造一定条件来引起某种心理现象的方法，它是心理学中最基本、最常用的方法之一。实验法可以分为实验室实验法和自然实验法两种。

1．实验室实验法

实验室实验法，是在心理实验室内借助于各种仪器设备来进行实验的方法。

实验室实验法具有明显的不同于其他研究方法的特点。它所得到的结果不仅准确而且可以像科学理论一样被重复验证。心理学中的大量研究都是在实验室里完成的。它有以下几个特点：

(1) 可随机取样和随机安排。

(2) 可对实验情境和实验条件进行严格控制。

(3) 实验结果可量化，记录非常客观、准确。

(4) 使用大量的实验仪器。

2．自然实验法

自然实验法，是在日常生活中进行的心理实验。较之于实验室实验法，它不具备很高的准确性和可重复性，但是却能真实地反映出被试者的心理活动。因为其实验的自变量不是预先控制好的，实验者无法预测出被试者在某种输入条件下将做出什么样的反应，只有通过大量的实验得到批量的数据，运用统计学的方法才能得出结论。

1.4.3 问卷法

问卷法，是通过被调查者的书面回答来研究个体心理活动的方法。研究者事先根据研究目的确定问卷内容并制作成问卷形式，然后要求被调查者对问题进行回答，最后将问卷回收进行分析、整理、统计，得出结论。

问卷法简单易行，可在短时间内能收集大量信息，但往往可信度不高。为了方便研究者分析、整理问卷，设计问卷题目时，可有意拟出一些互相矛盾的问题，看这些问题的答题是否一致来检验答案的真实性。

按问卷问题的形式可将问卷分成开放式问卷、封闭式问卷、混合式问卷。开放式是指事先未对回答做出限制性的规定，回答问卷的人可以自由回答；封闭式是指问卷的问题答案都做了限制性的规定，回答问卷的人必须从中选择答案进行回答。混合式是指回答问卷的人可以选择答案也可以自由回答。

1.4.4 测验法

测验法又叫心理测验，是根据预先制订的量表来测量人的智力和人格的个别差异的方法。它和问卷法比较相似，问卷法是一对多(一个问题由许多不同的个体回答)，而测验法是多对一(即许多个测验问题由一个个体回答)。

1.4.5 访谈法

访谈法，是通过访谈者与受访者之间的交谈，了解受访者的动机、态度、个性和价值观的一种方法。访谈法收集信息资料是通过研究者与被调查对象面对面直接交谈方式实现的，具有较好的灵活性和适应性，非常容易和方便可行，引导深入交谈可获得可靠有效的资料；团体访谈，不仅节省——与受访者交流所耗费的时间，而且与会者可放松心情，作较周密的思考后回答问题，同时，与会者相互启发影响，有利于促进问题的深入理解和认识。访谈法分为结构式访谈和非结构式访谈。

访谈法所需样本小，但需要较多的人力、物力和时间，应用上受到一定限制。另外，无法控制被试者受主试者的种种影响(如角色特点、表情态度、交往方式等)。所以访谈法一般在调查对象较少的情况下采用，且常与问卷法、测验法等结合使用。

1.4.6 个案研究法

个案研究法又称案例研究法、个案法，是指经由对个案的深入分析以解决有关问题的一种研究方法，具体而言，是以个人或由个人所组成的团体(如小组、班级等)为研究对象，搜集和整理有关各方面完整的客观情况及资料，包括历史背景、测验材料的一种方法。个案研究法的实施步骤主要包括五个阶段：确定对象阶段，收集资料阶段，整理、分析、评定资料阶段，指导个案阶段，追踪评价阶段。个案研究法具有特殊性与个别性、连续性与动态性、多样性和综合性的特点。

1.5　心理学与设计的关系

自从人类诞生以来，人类的造物活动一直伴随至今。工业革命的到来使世界进入一个崭新的时代。工业文明造就了高产高效的机器文明，也制造了前所未有的混乱和困惑。人面对一部部操作效率和精确度极高的机器，在惊叹其丰富了物质世界的同时，也不得不有感于人在机器面前的无助与无奈，操作者的生理、心理受到极大的挑战。在经历了一次次由于设计缺陷所带来的惨痛教训之后，人们开始关注人的生理需求及心理需求，开始从人的思维、操作、认知等行为方式和心理规律方面入手，提出新的设计要求。人们开始意识到，单纯的造物活动并不是设计的终极目标，设计是一门综合性很强的学科，它应该有一个建立在包括心理学知识在内的应用性极强的知识体系。在设计转向深层次实践活动的同时，设计理论内涵得到了进一步的填充，开始从认知心理、色彩心理、行为心理等方面完善设计理论及指导实践。设计活动不是一种单一要素活动，而是多学科、多元素参与的综合性活动。设计离不开市场的介入，离不开社会的回应，离不开造就设计的环境构成要素。消费行为、审美心理、文化态度等对设计的影响已不容忽视，甚至在某种程度上直接决定了设计的成功与否。如果说心理学对认知、行动的研究是从微观角度对设计提出的个体差异性的要求，那么对社会文化、社会特征、消费群体的消费心理及行为、媒介手段的研究则成为宏观的设计参考及导向。

从学科角度来讲，设计讲求思维向实物转化的有效性。而心理学在这方面为设计提供了理论依据，出现了二者相互结合的产物——设计心理学。设计心理学是建立在应用心理学基础上的，应用心理学主要包括工业心理学、社会心理学等。工业心理学的主要研究对象是人，研究工程、技术设计和管理工作中人的因素，研究人所必须具备的感知觉、思维、决策和操作特点，组织管理工作中的个体特征、群体心理、领导行为和组织心理等，提出有关人员选拔、训练、评价、激励的方法和人-机系统设计的心理学依据。社会心理学主要研究个体和群体的社会心理与社会行为的一般规律，着重阐明人的心理受社会文化制约的基本原理以及社会心理学原理在各类部门的实际应用。社会心理学的内容包括社会认知、社会动机、社会态度、人际关系与沟通、大众心理现象等。适度地了解工业心理学、社会心理学等是掌握设计心理学的有效手段之一。应用心理学研究内容广泛，主要的研究方向包括管理心理学、人事心理学、劳动心理学、消费心理学、广告心理学、工程心理学、环境心理学、社会心理过程、群体与大众心理、中国人(包括各民族)社会心理等，其中还包括司法学、运动及医学领域等心理学分支学科。

如今，心理科学在设计中已得到了广泛应用。设计的创造过程是设计师的"编码"过程，是对设计资源的有意义的解构和重新组合，完整的设计包括受众的接受过程，而受众的接受程度是设计成功度的重要参照指标。受众的"解码"思维决定了其接受性质，因此，设计师通过从形式到内容的一系列设计，把所要表现的对象的思想特色及精神巧妙地视觉化。设计师要成功挖掘出设计对象的思想和精髓，必须对心理学中关于个体的认知特性、消费心理特征等进行深入研究。什么样的设计形态和色彩会吸引观众的注意，什么样的设计元素和设计符号会引起设计用户在情感上的共鸣等一系列相关因素都需要考虑。总之，只有把握受众的心理，设计才能被认可和接受。

1.5.1 心理学在设计中的应用

成功的设计一定是合理的设计，用户的生理要求、理解、期望等是对设计存在形式最直接的影响因素。从用户心理学的角度出发，可以从三方面对心理学在设计领域的应用做出诠释：

1．产品造型语意

所谓语意，就是设计运用特定的符号通过一定的表达方式向用户传达信息。设计的语意是利用信息传达对用户做出有效的引导。以产品设计为例，设计的语意信息与用户模型中囊括的信息相匹配，从而使用户在面对不熟悉的界面不知道如何操作或者面对的是完全陌生的产品时，可以通过设计符号的表征采取一定的行为。设计语意可以为产品的操作设计提供一定的方向性。如果由于设计的语意混乱而未给用户提供准确操作的含义和感知，会导致用户的频繁出错。用户由于操作不一致产生的差错，其实质是设计的差错。

在产品设计中，研究产品语意的学科称为产品语意学。产品语意学提倡以人为中心的设计思想。人希望机器适应我们的生活，大多数操作错误是出自机器的不适当的符号和象征，同时，产品的功能与它向用户表现出来的不一致，会使操作者产生误解。产品语意学不是从机器出发而是从使用者的希望出发，来了解人们在理解过程和实际操作过程中的行为特征，并通过操作员的行为特征和知识经验来决定人机界面，从而使人机界面设计符合用户的理解。产品语意学的口号是"使机器易懂"。其目的是减少学习过程，使机器符合操作者的心理认知特点以及想象和行为特点。因此，设计师的作用不是使机器的性能最佳化，而是使产品和机器适合人的视觉理解和操作过程。好的设计，其本身就能告诉用户它是什么，有什么功能，如何操作。

2．认知心理

以手机为例，我们所面对的各种不同品牌或者型号之间的手机界面设计是不尽相同的，有的手机的"确定"键设在右边，有的则刚好相反，于是，面对不同的手机，使用者会觉得操作比较困难。还有一个大家常见的例子，高层建筑电梯上的楼层等操作按键的排列，五花八门，有的还看不清楚，看似简单的按键可以一下子使人手停在空中不知所措。这些例子不难说明设计对思维模式的影响。采取用户易用的思维模式，增强用户的认知度，同时给用户一个清晰的认识，是设计师从事设计活动应当引起重视的问题。

设计师需要了解人的感觉器官是如何接受信息、处理这些信息及如何学习、记忆、思维的，这就涉及认知心理学的问题。不是每一类型的设计活动都是与最终用户直接相关的，但是工业设计师在进行设计时，必须将人机界面设计与用户的操作行为联系起来。认知心理学在这里提供了与此相关的模型——用户认知模型。在用户认识模型中，用户的行为要素被概括为感知、思维、动作、情绪。

(1) 感知。感知是进行操作的必要前提，感知操作有方向性和目的性。用户需要的是一个"透明的"产品界面，它需要用包括视觉、听觉、触觉等在内的感知要素得到对他操作行为的"回答"。

(2) 思维。用户的思维引导他的整个行为过程，思维过程是用户对操作的理解过程。它包括用户如何进行逻辑推理，如何作决定，如何学习操作。

(3) 动作。动作的目的是为用户提供符合感知愿望的条件，手的动作配合要无意识、自动化。比如对按键操作来说，应当使手指的动作变成一种无意识的行动，用户只需专心考虑他要解决的问题，无需斟酌他的手指动作。

(4) 情绪。机器没有情绪，但是人有。产品的色彩、肌理、材质都会引起用户情绪的微妙反应。不适当的设计会导致人情绪的紧张感、引起视觉疲劳或使人产生焦躁感等。设计要利用人的情绪反应，清晰地传达其效用和目的。

3．人机关系

我们这里所要讨论的人机关系并不完全等同于人机工程学这一趋于成熟的学科体系，设计中的人-机协调性是与心理学的基础研究理论不可分割的。设计需要创造友好、简洁的视觉界面感受，需要在使用者和机器之间建立起融洽与和谐的关系。

1.5.2　中国设计心理学及其发展趋势

设计心理学的发展是以普通心理学的发展为基础的。中国古代有着丰富的心理学思想，但科学的心理学研究开始于20世纪初。1949年以前，中国的心理学研究主要受西方心理学的影响。1949年以后，学术界曾提出在辩证唯物主义指导下重新建立中国的心理学学科体系。20世纪50年代，中国心理学界曾学习苏联的心理学和巴甫洛夫学说。在普通心理学、生理心理学、儿童心理学、教育心理学和劳动心理学等方面进行了许多研究工作并取得了成就。在1966—1976年，心理学受到批判，其研究工作也被取消。20世纪70年代末，心理学的教学及研究活动才得到恢复。在我国改革开放的新形势下，中国心理学界开展了广泛的国际学术交流，与此同时，中国的心理学家也相继进入了各种国际心理学组织的领导机构，吸收各国的先进心理学思想、方法和技术，并结合中国国情进行学术研究，使中国心理学事业取得了较大的发展。在众多心理学分支中，设计心理学属于应用心理学部分，与其他心理学分支学科相比，设计心理学还没有形成成熟的体系，有待于进一步的发展和完善。令人可喜的是，中国的广大的设计师及学者正积极的为之进行着不断的努力，同时也试图借鉴于中国源远流长的传统文化，从中国传统哲学思想等方面对现代设计重新进行审视和剖析。

设计是一种文化，中国设计思想离不开中国传统文化的影响。中国的传统文化对中国古代设计及现代设计都产生了极其巨大的影响。哲学是中国传统文化的重要组成部分，其哲学思想是一座人类历史上最杰出、最完美的殿堂，是解释宇宙、人生、社会和世间万事万物的一把心灵钥匙。现今，中国文化已经具有现代化的特点了，如果能以中国传统哲学及心理学思想为指导，那么现代中国文化将会对现代社会的各方面都具有重要的指导意义。

在设计实践中，关于设计和关于设计师的心理学理论将会逐步完善并对设计的发展起到重要的作用。

小结

本章简要介绍了心理学的产生与发展、设计心理学的定义、心理学的研究方法等基本概念。其中，心理学的主要流派与代表人物和心理学与设计的关系是本章的重点。

习题

1．工业设计中研究心理学的目的是什么？如何达到这些目的？
2．心理学的主要流派有哪些？各流派核心思想是什么？
3．中国设计心理学的发展方向如何？
4．如何将设计心理学的研究方法与地域联系起来？

第2章 需要心理及其类型

　　古人有云"人生而有欲，圆棺而后止"。这个"欲"指的就是欲望、愿望和需要。需要是人与生俱来的，是人有意识、有目的地反映客观现实的动力，人类的一切行为都是从需要开始的，婴儿从第一声啼哭开始便产生了对食物、爱和温暖的需要。用户使用产品的行为正是以其自身的需要为基础，有了需要，才会产生使用的兴趣，才会形成购买动机。因此，针对用户需要心理的研究对于设计工作者来说有着非常重要的意义，而设计的真正目的也在于唤醒和激发用户对自身潜在需要的意识或认知，满足人类自身的生理和心理需要。

2.1 概　述

需要是人的行为的动力基础和源泉，是人脑对生理和社会需求的反映，也可以说是人们对社会生活中各类事物所提出的要求在大脑中的反映。心理学家也把促成人们各种行为动机的欲望称为需要。需要是什么？心理学家如是说："需要是积极性的源泉。""需要是被人感受到的一定的生活和发展条件的必要性。……需要激发人的积极性。""需要是人的思想活动的基本动力。"

2.1.1 需要的概念及其基本特征

从哲学意义上来看，"需要作为一般范畴，是包括人在内的一切生物有机体所共有的一种特性，是有机体为了维持正常运转(生存、发展)必须与外部世界进行物质、能量、信息交换而产生的一种摄取状态。这种状态，一方面表现为有机体对周围环境、外部世界的依赖和需求；另一方面又说明了有机体具有获取和享用一定对象的机能，反映在心理上就是欲望、希望、愿望和需求。这是有机体为了自我保存和自我更新而进行的各种积极活动的客观根据和内在动因。"

在心理学范畴内，需要则被定义为：当个体与周围环境的平衡状态遭到破坏时，会引起个体不同程度上的紧张感，这种紧张感会促使个体产生一种恢复到以前平衡状态的欲望，通常情况下我们就称这种欲望为需要。当需要被满足后，个体的紧张感也会随之消失，取而代之的是新需要的产生及随后的满足，如此周而复始。从这一概念不难看出，需要是人类对生存环境及客观事物的要求和欲望，它实质上既是人脑中的一种主观感受，也是人和社会的客观需求在大脑中的反映。所以需要是主观性和客观性的统一，是客观世界在人脑中所产生的主观感受。

在现实生活中，需要受到各种因素的影响而呈现出多种特性，其中较为重要的特性如下。

1. 需要的差异性

由于人与人之间在民族、性别、年龄、文化程度、生活环境等主客观因素的差异，会产生千差万别的爱好和兴趣，反映在需要心理上也是多种多样、丰富多彩的。即使是同一个人，随着年龄的改变及文化程度的不断提高，其需要的内容也是不尽相同的。

2. 需要的多样性

每个用户的需要都是多方面的，设计的目的不可能仅仅是为了满足一种需要，往往是多种需要综合作用的结果。例如，使用手表时，用户不只是为了它的计时功能，也可能会将其作为一种手腕上的装饰物，或用它来体现自己的文化品位和身份地位等。总之，无论这种需要是物质的还是精神的，设计的时候都要尽可能地、有针对性地满足某些特定的需要类型。

3．需要的层次性

人的需要是有层次的。一般来说，是由低层次向高层次发展，由物质需要向精神需要发展的。设计首先要满足用户的物质需要，进而才能考虑满足他们的精神需要。正如手表，无论人们出于什么目的来使用它，其计时准确与否还是至关重要的。年轻人可能比较重视手表的造型，但是一个走时不准的手表，即便拥有再华丽的外观，对用户来说都是没有使用价值的。平面设计也是如此，在设计过程中，只有传达出招贴的最基本内容，才能在此基础上进行设计想象力的发挥。对于一张毫无内容和主题而言的海报，尽管具有设计创意和视觉美感，但由于起不到向受众传达信息的目的，也就无法满足受众获取信息的这一根本需要，该设计也就只能是一个失败的设计而已。因此，在产品设计时，相对于审美需要而言，功能需要处于较低层次，是应该最先满足的。而在平面设计中，受众获取信息的需要则处于较低的层次。

4．需要的发展性

人的需要也不是一成不变的，而是不断向前发展进步的。当一种需要心理被满足时，就会产生其他的需要心理，由此不断推动人去追求新的目标，去满足新的需要。以前，人们追求的是产品功能上的实用性和耐用性，不太重视产品的外观造型，然而随着经济的发展和人们生活水平的不断提高，功能已经不再是人们关注的唯一焦点了，造型新颖、富有时代感、设计人性化的产品已越来越受到青睐。

5．需要的可诱导性

由于受到外部各种刺激的影响，用户的需要也会发生变化。从某种意义上来讲，用户的需要既可以被激发也可以被诱导。以手机为例，传统手机往往只具备通信的功能，当带有摄像头的手机问世时，它便激起了用户其他方面的需要心理，并成为在购买手机时的一大标准。现在的手机功能更丰富，特别是上网功能、多媒体功能等成为吸引消费者的重要因素。一个广告的设计更具有诱导性，消费者看到广告的宣传内容之后，心理上也会受到暗示、诱惑和引导，而产生购买该商品的欲望。需要的可诱导性是最值得设计师关注的，其往往是设计创新点来源的基础，也是设计师主导设计过程的体现。

2.1.2 马斯洛的需要层次理论

心理学自从19世纪成为一门学科之后，得到了长足的发展，出现了众多的心理学流派和著名的心理学家，心理学家们也提出了许多关于"需要"心理的理论见解，其中主要包括动力学的需要理论、人格学的需要理论等。最值得一提的是1943年由美国人本主义心理学家马斯洛提出的"需要层次理论"，如图2.1所示。这一理

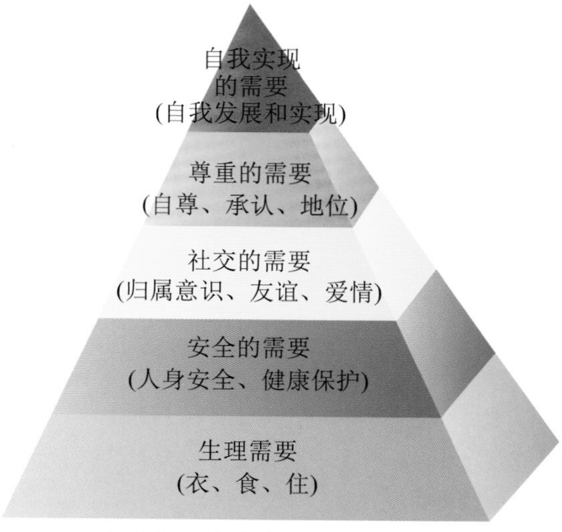

图 2.1 马斯洛的"需要层次理论"

自我实现的需要
(自我发展和实现)

尊重的需要
(自尊、承认、地位)

社交的需要
(归属意识、友谊、爱情)

安全的需要
(人身安全、健康保护)

生理需要
(衣、食、住)

论目前已成为心理学的基础，无论是消费心理学、广告心理学还是设计心理学，都是基于此理论而在具体领域中发展起来的。

在一篇叫作《人类动机理论》的论文中马斯洛详细阐述了他的"需要层次理论"，论文的首页写道："人类的需求构成了一个层次体系，即任何一种需求的出现都是以较低层次的需求的满足为前提的，人是不断需求的动物……"。

在这一理论中，他将人类丰富多彩、千差万别的需要概括为五种最基本需要，即生理需要、安全的需要、社交的需要、尊重的需要和自我实现的需要。这五种需要互相联系，具有一定的进级结构，是依照由低级到高级的层次组织起来的。一般来说，只有当较低层次的需要得到满足后，才会出现较高层次的需要。由此不断推动人们去发现自身新的需要，追求新的目标，获得新的满足，见表2-1。除了上述的五个需要层次之外，马斯洛还讨论了另外两种类型的需要，即认知、理解的需要与审美的需要，但事实上人们常把这两种需要与自我实现的需要归为一个层次系统而不独立进行划分。

表2-1 马斯洛的"需要层次理论"

	创造
自我实现需要	审美
	认识
尊重需要	地位、成就、受人信任和赏识
社交需要	社交、友爱、参加团体、获得爱情
安全需要	稳定的职业、有秩序的环境、保健条件、储蓄等
生理需要	饮食、空气、住所、异性等

马斯洛还认为人的需要大致可分为两类：基本需要与特殊需要。基本需要是全人类共同的需要，是由体质或遗传决定的，具有似本能的性质，例如吃、穿、住等；而特殊需要则是在不同的社会文化条件下形成的各自不同的需要，如服饰、嗜好等。可以这样说，特殊需要是为了满足基本需要这一目的而采取的方式而已。比如，人们要穿衣服，这是基本需要，但是穿什么款式的衣服却是特殊需要，是人们为了满足"穿"这一目的所采取的不同方式。人类的基本需要只有极少数的几种，但是人类的特殊需求却是丰富多彩的，设计师在设计过程中往往关注的就是对人类特殊需要的满足。

2.1.3 顾客需求的KANO模型

顾客需求的KANO 模型是由日本的卡诺(NORITAKI KANO) 博士在20世纪70年代提出的，KANO 模型定义了三种类型的顾客需求：基本型、期望型和兴奋型，如图2.2所示。

基本需求是顾客认为在设计中必须满足的需求或功能。当设计没有满足这些基本需求时，顾客就会不满意，相反，当设计已经满足这些基本需求时，顾客也不会表现出特别的满意。例如，手表具有计时的功能就属于基本需求。而期望型需求则是指超出基本需求的某种特殊要求，这类需求在产品中实现的越多，顾客就越满意。例如，手机要求外形美观就是期望型需求。兴奋型需求是指令顾客意想不到的某些特征。如果设计不能满足这些需求，客户也不会不满意，因为他们没有意识到这些需求。反之，当设计为他们提供了这些需求时，顾客会对设计非常满意。因此，企业应当尽可能多地为顾客提供这种需求，这样就可以大大地提高顾客对产品的满意度。另外，随着时间的推移，兴奋型需求会向期望型需求转换。

以上介绍的这两种需求理论侧重点不同，马斯洛的"需求层次理论"从心理学角度对"需要"进行了划分，指明了需求的层次性，是众多"需要"研究的理论基础。而顾客需求的KANO模型则从消费心理学的角度对这一理论进行了研究，指出了需求心理在产品设计及销售中的作用，它们对现实设计均有一定的指导作用。

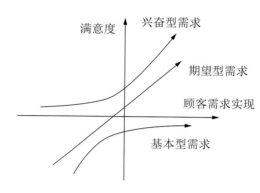

图 2.2　顾客需求的 KANO 模型

2.1.4　需要心理研究对设计的意义

澳大利亚著名的室内及产品设计师Joseph Licciadi 曾有过这样一段精辟的评述："艺术家总是以自我感受为中心，我，我，我，最后是你。设计师则相反，你，你，你，然后是自己。对于创作，艺术家始终考虑自己(Me) 的感受，而后才是受众(You) 的感受。而设计师则不同，他们重点是考虑使用者(You) 的需求，在满足这样的需求的前提下，再进行设计创作。因此，艺术家是感性的，自我的。而设计师是理性的，开放的。"这段话精辟地阐述了艺术家与设计师的区别，指出设计创造既不能像纯艺术那样随心所欲，满足人的需要才是设计的根本目的。

在工业革命时期，设计是"以机器为中心"，这种设计思想是将人看作机器系统中的一部分，将人的行为看作是机器的行为，以最大限度提高机器的效率为其最终的设计目的，让人去适应机器的设计。然而随着心理学的产生和发展，"人"在设计过程中的作用越来越受到人们的关注。设计不再局限于对功能和技术的追求，而是更多地强调人在这一过程中的支配作用，逐渐开始向适应人并满足人的需要这一方向发展。设计中是否考虑到消费者复杂的心理需求感受已经成为一个产品成功与否的关键，对这方面的研究也引起了越来越多学者的关注，并在产品设计过程中起着至关重要的作用。

1．充分保证设计能够满足用户的需要

设计前期最重要的工作就是调查用户对于产品的需要情况，并进行科学的分析，归纳出用户的主要需要和次要需要、近期需要和长远需要，并以此调查结果为基础进行下一步

的工作。针对用户进行的调查其详尽与否直接影响了最终产品的市场效能。因为只有以满足用户需要为设计目的的产品才能真正迎合用户的心理需求，才能受到更多用户的欢迎，才能使企业产生巨大的经济效益。这也避免了盲目设计给企业造成不必要的损失，减少了劣质产品所带来的浪费，为优良设计奠定了坚实的理论基础。

2．为最终确立设计特征提供依据

对于工业设计来说，设计特征主要包括产品的功能、材料、结构、外观造型、色彩等内容。设计师设计产品不是闭门造车，也不是无拘无束地自由发挥。这种情况下做出的设计不能称之为"产品"，只能说是"作品"。产品不是设计师表现个人艺术天赋的舞台，而是大众需要特征的体现，产品设计是为大众需要而服务的。

3．为产品的继续设计奠定基础

在现实中，任何企业生产的产品都不是一成不变的，而用全新的产品来替代以往的产品对企业来说也是有相当难度的。因此，企业往往借助对现有产品的不断改良来延长产品在市场上的生命周期，以获取产品在市场经营中的最大经济效益。这些产品或是现存产品的衍生物，或是对现存产品进行技术、功能上的提升。如果在以往的产品设计过程中，企业对用户的需要情况进行了周密的用户需要调查，那么就会对以后同类产品的设计带来极大的方便。因为，之前的设计过程中，企业的研发小组已经对该类产品的用户群需要情况形成了一种普遍的认识，现在的设计只要以此为基础，稍加修正就可以完成前期的调查工作了。这样不但节省了人力、物力财力，而且还大大缩短了产品的设计周期，加快了产品投入市场的进度。

2.2 需要的类型

在介绍需要特征的时候我们已经知道了需要的多样性，面对如此丰富多彩、包罗万象的需要种类，心理学家根据多种标准进行了划分。例如，根据需要的起源划分，可分为自然性需要和社会性需要；根据需要的对象划分，可分为物质性需要和精神性需要；根据需要的主次划分，可分为优势需要和非优势需要；根据需要的时效划分，可分为长远的需要和近期的需要；根据需要的层次划分，又可分为生存需要、享受需要和发展需要。

2.2.1 设计需要类型的划分

以上的几种分类方式都是以心理学理论研究的方向为依据的，有些学者还倾向于把需要划分为求美、求新、求情、求廉等几方面，这种划分方式相对于上面较笼统的方式来说，更加细致，针对性也更强，实用效果也更好。然而从设计的生命周期这一角度来进行划分，逐一分析每个步骤所涉及的典型的需要类型，则是现实设计时常见的思维方式。因为任何产品都不只是为了满足用户的单一需要，往往是多种需要综合作用的结果。同样，在针对产品某一方面进行设计时，往往也是综合考虑了用户的多种需要。只是在这些需要中，被划分为优势需要和非优势需要，短期需要和长期需要。比如，在进行产品功能的设计过程中，除了要考虑用户追求实用性的需要之外，还要考虑到用户对于安全性、先进性等的需要，只是在这些需要类型中占主导的是用户追求实用性的心理。

这种划分方式的优点在于它以设计的生命周期为依据，符合设计师的思维逻辑，同时对众多的设计心理需求进行了归纳和总结，设计师可以直接用来指导实践，避免了理论研究缺乏实际指导意义的弊端。这里所说的"设计的生命周期"与"产品的生命周期"不同。产品的生命周期是指产品从推出上市到该产品被新产品淘汰而退出市场为止的时间阶段。而设计的生命周期包括的是产品在设计、制造加工上的问题，同时还对其在使用及回收等方面上进行了全面的考虑，如图2.3所示。

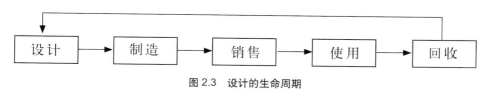

图2.3　设计的生命周期

因此，依据设计的生命周期可以将需要划分为设计的需要、加工的需要、使用的需要、回收利用的需要。每种类型的需要又可以具体化以详细阐述用户的要求。具体划分情况见表2-2。

表2-2　需要类型划分

需要类型		详细描述
设计的需要	功能需要	对功能实用性、先进性、多功能性的需要
	造型需要	对造型美观、新颖、情感性、文化性、社会地位的需要
	色彩需要	对色彩个性化满足的需要
加工的需要		对结构关系的科学性、材料的经济耐用性的需要
使用的需要		对操作的简便性、安全可靠性、人机协调性的需要
回收利用的需要		对设计的生态性、易回收性的需要

2.2.2　需要类型详解

1．设计的需要

1) 功能需要

功能即产品的使用价值，是产品之所以作为有用物而存在的最根本属性。产品功能是相对于人的需要而言的，反映了产品与人的价值关系。

意大利著名设计师法利(Gino Valle)曾经说过："工业设计是一种创造性的活动，它的任务是强调工业生产对象的形状特性，这种特性不仅仅指外貌式样，它首先指的是结构和功能，它应当从生产者的立场以及使用者的立场出发，使二者统一起来。"这段话强调了功能设计在整个产品研发流程中的重要性，是其他一切设计的首要任务。因此我们要求设计师在设计时，首先要发现产品的属性、使用目的和用途，力求能充分发挥产品的功能。从某种角度来说，形式应该是为功能服务的，应该是功能外在的表现形式。其实，这种重视功能主义的设计思想并不是现代人所独有的，早在人类创物之初这一思想就已经出现了。中国先秦时期的诸子学说和古希腊罗马时期的哲学论辩中就早已谈到了这种思想，并成为历代功能主义研究的先声。

总结用户对产品功能的普遍需要，可以发现其主要集中在三个方面：功能是否实用、功能是否先进以及是否能满足用户对于多功能的需求。

(1) 实用性的需要。求实心理是用户的普遍心理，它是以追求设计的使用价值为主要倾向的心理需要，这种心理的外在表现形式就是对"实惠""实用"等的追求。此类用户不过多地看重产品的外观造型设计，而更加强调其功能是否实用。对于实用性的需要也是相对于目标用户而言的，能满足用户需求的功能我们就觉得它是实用的，反之就是无用和多余的。例如，用户往往关心的是电视机图像是否清晰，电冰箱是否制冷好、耗电低，钟表走时是否准确等。

(2) 先进性的需要。先进性的追求心理反映了用户对于新材料、新技术等的追求。由于大部分人都热衷于购买具有先进技术水平、走在科技前沿的产品。先进性对用户来说往往意味着较为稳定的工作状态、较长的使用寿命和较低的市场淘汰率。因此要求设计师在设计前期就要对所进行的设计做好详尽的技术分析和调查，以确保新产品在功能技术上能领先于同类产品。例如，等离子电视机、具有全球定位系统的手机等的出现就吸引了众多用户的欢迎。当然，这种需要的心理也适用于广告设计领域，只要能够抓住用户的这一心理特征，在宣传时以先进性需要为设计的切入点，必定能吸引众多消费者的关注。

图2.4所示为海尔在2002年初首家推出的智能超人系列计算机，该计算机在发布当天就震动了整个PC市场。这款能与人对话的计算机，实现了计算机技术上新的突破，把家用计算机向个性化、人性化的方向又推进了一步。这款计算机小超人可以通过语音识别主人，并按照主人下达的指令完成各项任务，主人也可以通过语音与计算机小超人进行交互式人机对话。无棱无角、一体化设计的流线型机箱，仿生原料设计的环绕立体声音箱，人性化的游戏手柄，使得海尔在两天内就陆续接到了总量达3万多台的订单，其中6000台订单都来自国外。人性化的沟通、人性化的功能、人性化的设计、人性化的服务使得海尔智能超人计算机不仅带给人们一种现代的网络化、智能化、个性化的生活体验，而且还具有浓厚的人情味，它使产品不再冷冰冰，可以像有生命的生物一样与你交流沟通，给人一种全新的感觉。

图2.4　海尔智能超人系列计算机

Siri是苹果公司首先在其产品iPhone 4S上应用的一项语音控制功能。Siri可以令iPhone 4S变身为一台智能化机器人，利用Siri用户可以通过手机读短信、介绍餐厅、询问天气、语音设置闹钟等，如图2.5所示。Siri可以支持自然语言输入，并且可以调用系统自带的天气预报、日程安排、搜索资料等应用，还能够不断学习新的声音和语调，提供对话式的应答。

苹果手机一直领跑世界手机行业，陆续推出iPhone5和iPhone6等在上网速度、拍照功能、视频功能等多方面不断带来崭新的创意。

图2.5　iPhone手机的多种功能

（3）多功能性的需要。多功能性设计是目前最为流行的设计趋势之一。"一物多用"即一种产品集合多种产品的功能，是变相提高产品使用价值的一种常用方式。它可以给人带来一种物超所值的心理感受，满足人们对于多功能性的需要心理。但值得注意的是，功能范围的扩大应该是在不增加或稍有增加产品的设计、制造成本下进行的，这样才可以给人带来方便，才可以真正提升产品的实用价值。否则不但会给用户带来使用和操作上的诸多不便，而且会极大地提高产品的生产成本。如图2.6所示，该产品是全能数码影音播放机。除了顶置CD播放器外，还能接入iPod的音频信号，并具备多种音效、记忆和重复等功能。更酷的是，它的顶部和四周还隐藏有炫蓝色的灯，能跟随音乐的节拍闪闪发亮。它是收音机，能预设多达20个的FM电台和12个AM电台，并配备有大屏幕多用途液晶屏显系统，工作状态一目了然；它是闹钟，具有数码设定功能，如果你到了时间还不起床，它会不带任何怜悯地大叫，直到你从被窝里跳将出来，把它狠狠地关掉；它还配备有一个全功能的遥控器，你完全可以喝着啤酒，然后躺在床上用遥控器搞定一切。

图2.6　多功能家庭影院

第2章　需要心理及其类型

29

图2.7所示为芬兰Arabio公司最著名的Kilta系列餐具，该产品是多功能性设计和实用性设计的一个成功典范。它是由餐具设计师卡伊·弗兰克(Kaj Frank)于1949年设计完成的。

这套餐具由36个单件组成，用户可以根据自己的需要进行自由搭配组合。而其中的每个单件又都是多功能的组成，既可以用来备餐、上菜，也可以用来储存食物。迄今，这种餐具已经在全球销售了2500万件，并以它的多功能性和实用性而受到用户的热烈欢迎。

图 2.7　芬兰 Kilta 餐具

图2.8所示为瑞士多功能军用小刀。它是一种典型的多功能产品，功能多、用途广、做工精巧、使用方便。这种小巧的工具为适应各种需要有几十种功能。从大折刀到小折刀，从螺钉旋具(一字型和十字型)到电线剥皮刀；从钢、木锯刀、锉刀、镊子；从开瓶启子到放大镜；从剪刀到牙签等，可以说，面面俱到，应有尽有，简直就是一个万能的工具箱。这样的瑞士小刀从外表看像是一把厚厚的水果刀，其总质量不足200克，可放在上衣或裤子的口袋里，也可装入专用的特制皮套，随身悬挂于腰带上。

据说，瑞士小刀创始于1891年10月，是24岁的卡尔·埃尔森纳在他的家庭作坊里经多年苦心研制而得。二次大

图 2.8　瑞士多功能军用小刀

战后驻欧洲的美军非常喜欢这种多用途的精巧小刀。由于美军基地遍布世界各地，在日常生活中瑞士小刀因其方便、耐用及功能多而有着广泛的应用，是个不可多得的好帮手，故此瑞士小刀很快就扬名四海，受到世人的青睐。

2) 造型需要

外观造型是产品向消费者提供的第一个刺激信号，因为消费者首先是用"眼睛"选择和决定购买商品的。因此，产品的外观设计对于整个设计流程来说占据着相当重要的位置，其间接表达出来的内容范围也极为广泛。例如，当人们看到某种产品形态特征时，在心理上会产生诸如高贵、典雅、单纯、活泼、可爱、时尚、低俗、丑陋等感觉，同时通过产品的外部形态特征还会使拥有者感到对自身的地位、修养、个性、身份等各方面的体现。因此，造型设计往往是设计师们最为关注的环节，而其中也反映了用户众多的需要心理。

(1) 美观的需要。对美的追求和向往是人类与生俱来的天性，美能引起人们心中的愉悦，给人带来视觉上的享受。用户对于产品造型是否美观的关注也反映了他们追求美

感的心理需求。因为产品不仅仅是为
了满足功能上的需求，同时还具有装
饰和美化环境的效果，富含艺术欣赏
价值，充满亲和力，用户可以从中获
得美的精神享受。因此，造型美观的
产品往往很受用户的欢迎。

图2.9所示为一款光"宠物"——
水滴宝贝，看上去就像是一颗憨憨的
史莱姆，可以通过USB接口和计算机相
连，每次用手触摸它，它都会调皮地眨
眼，那种"呼吸"般的发光效果，很柔
和，很生动，而这种回应是有变化的，
有时甚至还会表现得有些疯狂。

图2.9 "水滴"宝贝

苹果公司的经典iMacG3系列电脑
也是此类设计的一个典范，如图2.10
所示。它是由年轻的英国设计师乔纳
森·伊夫(Jonathon Ive) 设计的。整体
的有机曲线形态配合全透明的彩色外壳
使其在推出市场的第一周就引起了巨大
的轰动，果冻般圆润的彩色机身重新定
义了个人电脑的外貌，并迅速成为一
种时尚的象征。伊夫这一设计的成功源
于设计师对用户需求的重视。据伊夫

图2.10 苹果 iMacG3 系列电脑

所说："我们不能还没弄清用户是谁就开始设计，我们应该清楚用户在哪里，他们需要些
什么。"

(2) 情感的需要。快节奏和强竞争的现代生活常常使人们身负重压、疲惫不堪，人们
在物质富足的条件下更渴望心理上的愉悦和松弛。因此，越来越多的人都希望他们所使用
的产品能够蕴含丰富的情趣色彩，充满更多的人性化因素，使得在简单的使用过程中求
得情感上和精神上的缓解和补充。这就要求设计不仅要满足人们基本的物质需要，还要
能起到协调情感、调整用户心态的作用。在现代社会中，这种情感则主要体现在人们追
求轻松、幽默和愉悦的心理需求。正如英国当代最年轻工业设计师塞巴斯蒂安·贝里内
(Sebastian Bergne) 说过的那样："设计良好的物品，就是那些我们看到它和使用它的时候
会发出会心微笑的产品。"

在日本索尼公司举办的一次"SONY-DESIGN-VISION"的设计大赛中，一位名叫
Brain Elliot的青年设计师设计的作品——"Anlmon电视机"获得了大奖。在这个作品中，
"Anlmon"设计成为一个可自由行走的听话的"电视机器人"，使用者可以通过操作遥
控使它招之即来，挥之即去，并且它还能够按照人的意图调节屏幕角度、变换图像，使人
们充分享受到了使用的趣味和快感。在这种对设计物的使用过程中，人性得到了随心所欲
的释放和满足。

为满足用户的情感化需要而进行的设计其宗旨在于能让用户在使用产品的过程中找到能理解的情感语言，达到某种所期望的情感诉求。即产品造型的传递应与人的情感需要相联系。设计的着眼点应在于让社会上更多的人能够感受到人与物的和谐亲近，充分享受使用过程中的轻松和愉悦。而著名的Zoe洗衣机和OZ冰箱恰恰是两款可以让人轻松享受和会心一笑的设计，如图2.11和图2.12所示。这两款产品出自同一设计师之手，是由意大利工业设计师罗伯特·佩泽塔(Roberto Pezzetta)于1996年设计的。圆润光滑的表面，稍稍有点不对称但是相当友善的造型再配合柔和的色调使人回到一种近乎天真烂漫的乐观时代。这种摆脱传统束缚而设计的家用电器，融合了多种轻松自由的造型元素，给人带来了无限遐想，充满了使用情趣。

图 2.11　Zoe 洗衣机

图 2.12　OZ 冰箱

图 2.13　X01 和 X07

图2.13所示为软银公司(Softbank)和东芝于2008年推出的手机——X01和X07。这两款手机等颜色一黑一银，最大的特色就是加入了一定的AI，能够自主地用图标表达自己的情感：高兴、伤心、愤怒等，并且能够在长期的使用过程学习和感知主人的生活习惯，并对自己的情感系统进行适应性修改。更有趣的是，同期还会发售两款机械臂附件，加装在手机上，瞬间就成了像模像样的变形金刚，机械臂在加装到手机上后是可以活动的，并且可以通过手机软件进行编程，控制这种活动，比如摆出特别的姿势等。

(3) 新颖的需要。在现实生活中经常会发生这样的现象，置身于琳琅满目的商场中，对于那些司空见惯、习以为常的商品我们常常无动于衷，但是每当推出非常新颖独特的新产品时，总是能引起众多关注的目光。因此，产品是否具有吸引力，最关键的一个因素就是其造型是否新颖。很多用户特别是青年男女在选购产品时，往往关注的是产品样式是否适时流行，是否与众不同，别开生面。

新颖的需要是由人们的求新需要所支配的，这种需要反映在心理上就是追求时尚、新颖和美的享受，希望产品能符合潮流的发展和时代的精神。虽然在这种心理需要中，很大程度上包含好奇的心理因素，但是也提醒着设计师在设计此类产品时要对时尚和潮流有着极强的敏感性，设计不但要满足产品最基本的功能需求，更应追求其外观设计的先进、奇特和新颖。

不管是追逐流行还是把握趋势，追求新奇特的时尚群体都是色彩魔术师，如图2.14所示的彩虹眼镜(Rainbow Glasses)，它以最经济的方式满足用户的换色要求。拔掉眼镜腿，注入不同色彩的墨水即可实现换色。用户在DIY(do it yourself)的过程中体会到创造的快乐，永远可以以新鲜奇特的姿态展现在自己面前，满足人们的幻想心理及乐于接受新事物的美好心理欲求。

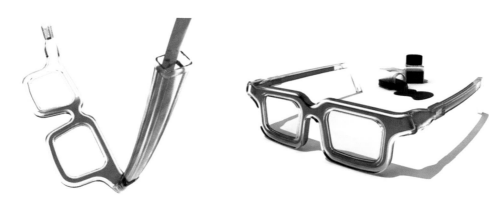

图 2.14　彩虹眼镜 (Rainbow Glasses)

图2.15所示为一盏没有灯罩的Becherlicht落地灯。它没有传统意义上的灯罩，Y字支架的两端，一端放着带反光设备的灯泡，另外一端夹着一个普通的塑料杯子，毫不起眼，甚至有些简陋。但是，当灯泡被点亮时，色彩非常艳丽的影子出现在了墙上，那是一盏看得见、摸不着，有着漂亮灯罩的落地灯。

在市场中，具有新颖性的产品形态不仅体现了设计师奇妙的设计构想和强烈的创新精神，而且独特的形态结构在区别于其他同类产品的同时，也赋予了产品极大的视觉冲击，它能振奋和激励人的精神和意志，唤起人们购买和使用该产品的欲望。法国天才设计师菲利普斯塔克(Philippe Stark)为Alessi公司设计的铝制柠檬榨汁机(Juicy salif)就是很好的例子。如图2.16所示，该榨汁机长着柠檬头，三只细细长长的脚，像蜘蛛，配以银色的外衣，宛如是外星球来的小生物，优雅而充满活力的形体给用户带来了难以忘却的印象。其实，与其说它是一个榨汁机，不如说它更像是厨房中的一件艺术品，灯光在其身上所投射出来的阴影使其充满了艺术品的特征。

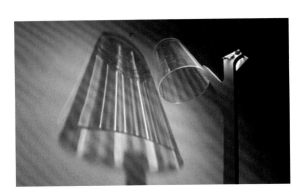

图 2.15　Becherlicht 落地灯

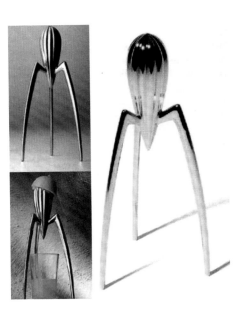

图 2.16　柠檬榨汁机（Juicy salif）

（4）精神文化性的需要。几千年以来，勤劳的人类在创造物质文化的同时也创造了精神文化。设计不同于纯艺术，它作为一种实用艺术，是物质文化与精神文化的结合。产品在向人们提供物质功能需求的同时，也向人们传达着精神生活的内容。比如，手表是一种计时工具，但人们在关注手表是否走时准确的同时，也越来越关注表盘的形状、色泽、花纹等外部装饰，这正是为了满足人们对于精神文化的需求，而某些表盘出现的微缩古典名著也正是出于这一目的。因此，产品除了要具备物质价值外，还应具备较高的精神文化价值。

过去，人们比较重视对产品功能的开发，将设计重点放在技术革新及新功能的发掘上，通过对产品功能的设计来提高其物质价值，以满足人们在使用上的需求，精神文化价值作为一种隐形价值还没有引起人们足够的重视。但随着社会整体文化素质的提高，富含文化价值的产品越来越受到大众的欢迎。人们期望通过产品来表现出他们的审美、欣赏水平、社会地位乃至自身的修养，产品业已成为一种反映个人文化修养的代表。事实上任何一种产品在面世之初，其中就或多或少地蕴含了一种精神文化，而且这种精神文化的含量越高，产品的文化内涵也就越高，产品的综合价值也就越高，也就越能满足人们对于精神文化的追求。阿尔法汽车的造型正是与性感时装联系起来，才使得汽车充满了现代时尚文化的气息，让人产生了一种强烈的视觉冲击和心理想象。

例如，水墨雨伞（Rain Brush Umbrella），将水变成了墨——伞面是流行的变色设计，洁白如宣纸，但是一旦被雨水淋湿，上半段就会像墨汁一般晕开，化作一幅天造地设的黑白烟云。然后，顺理成章地，这雨伞就成了毛笔——倒提雨伞，水为墨，地为纸，如同佛家最讲究的顿悟，信手拈来间，已成就毕生最精彩的作品，如图2.17所示。

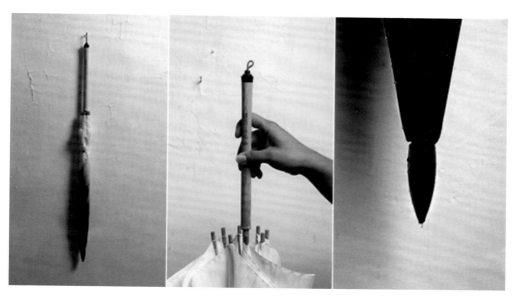

图 2.17　水墨雨伞

因此，设计师在设计产品形态时，不仅仅是一种表面形式的表达，而必须是对消费者在精神层次上的深刻理解基础上进行的。这种创造并无既定模式，它应通过设计师的细心观察和内心感悟才能实现。众所周知，文化具有极强的地域性，不同民族、国家、地区甚至家庭，都有着不同的文化价值观。在设计过程中，设计师除了要调查用户对象的需要特点外，还应注意当地独有的文化特征及文化需求，只有充分了解到这一点，并以此为设计创意的来源和基础，才能使设计真正融入当地的文化氛围，才可能创造出有着超强市场生命力的产品。设计是一代人或一个时代的标志，每一件设计作品的背后都隐藏和透露着各种含义丰富的信息，借助产品的形、色、质，设计师将人类的智慧、想象、梦想与希望表达了出来，形成一种丰富的设计文化。

（5）社会地位的需要。产品不仅具有使用功能，而且可以作为装饰物对家居环境进行美化，更有不少人通过产品来展现自己的身份、地位、职业和文化品位，因此，众多名牌产品正是为了满足用户的这种需要而受到众多使用者的推崇。特别是在物质生活极为丰富的今天，在普遍满足基本生活的情况下，人们对精神生活的追求反显得更为突出。人们在选购产品的时候，不再过多地考虑其使用因素，而是在寻求一种文化、身份的体现或是某种性格特征的表示。如图2.18所示的劳力士手表，让拥有者感到时尚、高雅和永恒的情感体验已远远超过了传统的使用

图 2.18　劳力士（Rolex）手表

价值。因此，在设计此类产品时，设计师要特别注意如何才能在造型等诸多元素中体现用户的尊贵和地位，充分显示拥有者的价值观念。以汽车为例。最早的汽车实际上是内燃机与马车的结合，在功能上也仅服务于少数贵族，作为其炫耀身份的一种工具，车身装饰繁多，车速不过每小时几十公里。到了20世纪30年代，汽车逐渐从少数有钱人的手中转变为大众拥有的代步工具。汽车的外形以简洁、流畅的直线为主，整个车身给人以快捷、平稳的感觉。而到了20世纪90年代，随着电子信息高科技的成熟，人们的生活品质得到提升，人们对汽车的要求除了更加快捷、安全、舒适、可靠等以外，又一次被人们作为身份、地位、文化修养等方面的象征。外形上追求一种高科技、超时代的美感，充分体现了当今的时代风格和现代生活的理念。

图 2.19　奔驰 CLS 系列汽车

图 2.20　宾利 Continental GT 汽车

图 2.21　标致 RC 汽车

例如，图 2.19 所示为奔驰 CLS 系列汽车，较适用于 30～35 岁的男性高级商务人士，它不仅是实力的象征，同时也体现了使用者张扬、时尚、聪明、圆滑、好斗、喜冒险、喜社交的性格；而另一款车型宾利 Continental GT 汽车，如图 2.20 所示，则受到了众多温文尔雅的风雅之士的喜爱，究其原因就在于它体现了一种高文化层次和高社会地位的中青年白领的形象，象征着内敛、有教养、注重个人形象、对生活质量有较高要求的个性特征。而图 2.21 所示的标致 RC 汽车则有点享乐主义的味道，适用于文化层次及社会地位很高的高层管理者使用，是时尚和科技的引领者，体现了互联网时代的尊贵享受。由此可知，产品作为一种精神文化的象征物，体现了拥有者不同的精神需要，而设计师的任务就是将这些模糊的需要心理用可视化的形式表现出来。

3）色彩需要

色彩对眼睛有光感刺激的作用，是美感中最普及的形式，会使人们在情感上产生一种极佳的视觉效果，进而影响到使用者的心理感受。阿恩海姆说："就表情而论，最显著的效果也比不上落日或地中海蓝的效果。" 从远古时期开始，人们就意识到了这一点，并在长期的社会实践中，逐渐形成了对不同色彩的不同心理感受。

人的视觉对于色彩的特殊敏感性，决定了对用户色彩需要的考虑在设计中的重要价值。

众所周知，色彩会使人产生冷暖、进退、轻重、强弱等感觉，而在色彩的审美活动中，由于人这一审美主体的感情因素的作用，审美判断的结论总是使无生命的色彩披上种种感情的外衣，形成了不同人对色彩的不同需要。这往往受到诸多因素的影响，比如年龄、性别、地域文化、个人差异及社会地位等。据日本色彩研究所对800名成年人的调查，成年男性喜爱绿、蓝、青系列的各色，而女性喜爱黑、青紫、紫、紫红、红系列的各色，高纯度或低明度的色彩则受到青年人的青睐。值得设计师注意的是，从某个角度讲，虽然色彩的特殊美感性是色彩用于美化生活的最主要原因，但是色彩一旦离开了形就再也无法生存，也不会具备美的价值。因此，我们说色彩是依附于形体而存在的，形和色是不可分割的整体。色彩只有通过形态造型这一途径才能实现其价值和作用，无论是平面设计、产品设计抑或是环境艺术设计，只有在形态设计的基础上，设计师才能充分发挥自身对色彩的想象力。从这一角度来说，色彩也受到了造型的影响。

另外，色彩的设计方案应该是多元化、多方位和多角度的，也就是说必须从多方面来反映人们感受色彩的心理。为此，色彩设计应在对人的"自身"的认识和研究上找到设计依据，以产品的设计色彩如何适应人的生理和心理需要为基础，来解决色彩与情感心理的舒适感问题，从而使人们的各种需要和产品的色彩设计联系在一起。

在日本，夏普、日立、东芝是其主要生产家电产品的公司。20世纪60年代，他们的产品多使用黑铬工艺，用色严格。按照日本传统的颜色象征性，产品本质上是保守而严谨的。20世纪80年代中期以后，为满足年轻人的欣赏口味，他们纷纷推出了"时装型"的消费产品。例如，夏普设计的电话机、洗衣机、微波炉、旅行锅等许多产品都采用了淡粉红色，低纯度的色彩，不会太张扬，某种程度上减轻了使用者的视觉疲劳，让人得到更多的释放。此类色彩，十分贴近女性的心理，贴近女性特有的细腻、母爱和生理特征，非常适合女孩子的口味，迎合了她们对于可爱、乖巧产品的需要，充分满足了她们的情感需求，是产品的色彩与用户的情感需要完美结合的经典案例，如图2.22所示。

图2.22　一组针对女性用户的产品

另外，在目前的设计趋势中色彩的大胆运用也成为满足人们求趣心理的重要手段。以往的设计多以黑、白、灰等中性色彩为表达手段，体现出冷静、理性的产品设计。而现代设计由于考虑到了色彩的心理响应，大胆突破刻板印象的色彩选择，可以使用户的心理为之一振，并豁然开朗起来——原来电视机、电冰箱、电脑等高科技产品也可以是彩色的，连汽车轮胎都可以是五彩斑斓的，如图2.23所示。

图 2.23　彩色产品

2．加工的需要

1) 结构科学性的需要

设计是理性与感性的结合，是科学性与艺术性的结合，没有科学理论作为基奠，再优美的设计也只是一件艺术品，没有推广和发展的空间，而脱离了艺术的技术品，也不过是一件充满了加工味道的机器产物而已。因此，我们在追求审美享受的同时，更要强调结构的科学性和合理性。

不同的设计领域，科学性的内涵是不同的。在产品设计领域中，我们关注的是产品的机械结构，服装设计中则强调的是服装各个部分之间的配合状态和吻合关系，而平面设计则更加关注各元素构图的合理性。因此，无论从事哪方面的设计工作，都不会存在纯艺术的创作，也不会存在纯技术的创作，而是两者的结合。

图 2.24　Plush Bristle 的沙发

产品结构作为构成产品形态的最主要因素，是产品得以存在的基础。当我们在设计一件产品时，必然会受到它本身结构形式的制约。而结构形式的巨大改变，也必然给产品的整体形态带来影响。因此，我们在考虑产品形态创新的时候，可以从产品的结构创新来入手。一个具有新颖结构的设计不但会产生强大的视觉冲击力，而且还能极大地激起人们购买和使用的欲望。此外，产品的结构创新还会改善产品的使用功能，提高产品的工作效率，使产品的各部分机能达到更科学更合理的程度。为此，很多设计师都进行了尝试，也给我们带来了很多优秀的设计范例。图2.24所示的名为Plush Bristle的沙发由两部分构成，白色的底座和蓝色的"刷毛"。它可以说是一款完全忽视美感，但是却将功能和舒适性发挥到了极致。"刷毛"采用柔软却又弹性的材料制作，能够给身体提供足够的支撑和包裹感，并且能起到一定的按摩作用。如果一次多买上几张，拼成一个"牙刷床"，那么你和朋友之间的聚会将会变得十分有趣：到家，纷纷把自己丢到沙发上。这套座椅不但创造出了极具视觉吸引力的产品，给人以新的视觉审美感受，满足了人们对美的需要，更为重要的是提升了使用者在使用产品过程中的体验和感受，充分考虑到了用户对于新产品的渴望和需求。

索尼公司作为全球著名的电子产品生产商，正是迎合了企业的宣传口号"科技与时尚的完美结合"。相对于其他的电子产品而言，索尼的电子产品形态更为简洁，结构更为科学合理，功能更突出，精致的细部和具有理性化的线条，加上宜人的人机界面设计使产品充满理性与高科技的美感，如图2.25所示。

图 2.25　索尼产品

2) 材料经济耐用性的需要

产品的造价成本过高一直是产品进入市场的最大障碍。一方面追求高水平高技术含量的设计产品，但另一方面又不得不考虑用户的接受程度。这就是为什么那些功能先进、款式新颖的产品反而不如样式较为陈旧、功能单一的产品更受欢迎。可以毫不夸张地说，对于绝大多数消费者来说，他们更加热衷于追求性价比较高的产品。价格成为很多人在选购产品时最先关注的因素，而这也是最考验设计师设计水平的地方。如何做到在不提高产品成本的前提下，尽可能多地满足用户的需要心理，满足用户对于美、新、趣、先进性等的追求，成了现实设计实践中最大的难题。因此，设计要求产品除了具有完善和先进的功能、造型美观、良好的结构工艺性、组装结构具有良好的装配工艺性之外，还应当选用适当的材料，以降低生产制造的成本，使受众更易于接受。

这其中最典型的案例就是塑料的出现和注塑技术的成熟，由于该材料制造成本低，可塑性强，使得产品形态由早期单一的直线平面发展到现在的曲直面组合，丰富多彩的造型形式。20世纪90年代以来，以聚丙烯为材料的椅子爆炸式生产，家庭花园、酒吧、公共环境都使用这种材料的座椅。追其原因，就在于它除了具备轻巧、耐用、易清洗、柔韧舒适、可再循环外，价格还相当低廉。而1953年出现的波尼(Pony)椅，也正是由于这个原因而取得了巨大的市场效能。至今，这种椅子仍在全球销售。这种椅子仅采用了两根简单的金属管，两根横管和一块蒙布袋，并选择适当比例即可组合而成。它以其美观的造型、简单合理的制造过程、低廉的价格迅速在世界范围内普及开来。探究它成功的原因就在于它不是为了满足商业目的，而是真正考虑到了大众的消费，是为了满足大众生活的需要而设计的，也正是这个原因该款座椅同时取得了巨大的商业效益。

英国当代最令人瞩目的年轻工业设计师塞巴斯蒂安·贝里内为意大利制造商D-House设计了名为Mr. Mause的衣架，如图2.26所示。这种衣架采用电镀低碳素钢做支架，将洗瓶刷的刷毛附着在表面，取得了意想不到的成功。因为刷毛的成本很低，整个产品的成本就和简单的金属丝衣架差不多。但是在功能上，Mr. Mause衣架却比以前的产品要好得多，首先刷毛可以很有效地把衣服撑起，防止了普通金属衣架对衣服造成的支撑痕迹，同时在色彩上它也有多种选择。贝里内通过这种把现成材料组合在一起，而又不增加产品成本的方式，创造出了1＋1>2的产品价值。

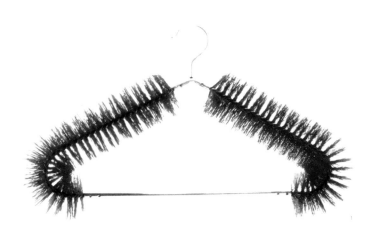

图 2.26　Mr. Mause 的衣架

随着越来越多的综合性能更为优秀的材料进入设计领域，结合使用者的操作方式、材料的成本、性能、设计表达的方式等各项因素，不但从视觉上给人以耳目一新的感觉，更为重要的是可以从材料入手大大改善产品的综合性能，打破传统的设计观念。

3．使用的需要

人是设计的尺度和标准，产品设计应当时刻关注用户在使用过程中对于操作上的种种心理需求。这主要体现在人们对于操作的简便性与安全性的追求，反映了用户求便和求安的心理特征。

1) 简便性的需要

在产品使用过程中，用户都有追求操作简便、快捷的使用心理。随着现代科学技术的不断发展，产品机构变得更为简洁，功能也更为全面，再加上人们工作、生活的节奏日益加快及生活方式的巨大变化，在完成相同任务的情况下，越简单的操作给人带来的心理负担就越小，需要的操作技能也就越低，也就越能满足更多人的使用需求。因此，人们对操作简便的产品更加偏爱，而追求简便性操作的需要心理也成为人们在选购商品时的一个重要尺度。

从早期的滑箱式相机(也称平板相机)到如今的数码相机(图2.27)，从这一漫长的发展过程中可以清楚地看到操作简便性的需要在产品设计中的重要地位。

图 2.27　相机的发展历史

2) 安全性的需要

马斯洛指出，安全需要最直接的含义就是避免危险，它是指个体的行为目标应该统统指向安全，避免行为给人带来的身体及心理上的伤害。而现今所谓的安全设计正是这一思想的体现，并已经成为设计领域中一个重要的方向，广泛应用在飞机、汽车、火车、轮船、核电站、机器、日用电器和工具的设计中。安全设计的目的不是一味追求现代化的高技术，而是重新反思几百年来人类制作的各种机器设备和工具对人带来的损伤，把设计的思想和设计的标准从以机器技术为中心转向以人为中心。因此，作为与人类生活息息相关的工业产品，人们在要求省时、省力、高效、便捷的基础上，更强调了对于安全性的需求。

图2.28安全美工刀的设计来自设计师Scot Herbst和Alfredo Muccino的创意，两人希望能给人们带来一把更安全的美工刀。Box Cutter采用了类似雨伞把一样的曲柄设计，几乎能在任何使用条件下都保持握感舒适、安全的完美状态，尤其是手柄上的安全开关，单手握持时，正好在拇指位置，必须用力才能让刀刃伸出开始切割，而一松手，刀刃又能收回，甚至能把整个美工刀刃包在里面而不用担心意外。

图 2.28　安全美工刀

图 2.29　安全电熨斗设计

电熨斗是日常生活中最为常用的日用电器，而由它引发的各种烫伤及碰伤事故也层出不穷。图2.29所示为日本设计的一款分离式电熨斗，它是以用户的安全使用为其最根本的设计原则。特制的电熨斗台架和台架套筒，保证了熨斗在放置时的安全，避免了人在不经意间被加温后的电熨斗烫伤或被立起的电熨斗尖碰伤。台架套筒的顶端设计有把柄，使其移动起来更加方便。在造型的设计上，充分考虑到了多数女性使用者的审美需要，外观更加流畅和轻巧。而采用新工艺处理的电熨斗储水盒表面，色彩也更加鲜艳，给人以清新、愉悦的感觉，完全消除了人们对于熨烫类电器的恐惧感。

4．回收利用的需要

随着社会整体环保意识的不断提升，人们生活方式随之发生了巨大的变化，选择产品的观念也有了相应的改变。在以往实用功能主义及现代主义设计的驱使下，人们更热衷于追求高品质、高性能、价廉物美的产品，设计师也将设计的重点放在了这里，一旦产品设计及制造活动完成后，设计人员的任务也就完成了，很少考虑到产品的环境属性以及产品达到使用寿命后的诸多问题。但是随着人们对于环境保护意识的日趋重视，用户不再单纯追求以上这些价值，而是更加偏爱设计简朴并对环境更为友好的产品，即我们所说的可持续化设计。

要实现可持续化设计，其主要出发点是：减少自然原材料的消耗和能源消耗，减少废料和垃圾，尽量选择可回收性及可再生性的设计材料，防止对人、生物、自然环境的破坏，即所谓的3R理念——Reduce、Reuse、Recycle(少量化、再利用、资源再生)。目前，对这一领域的研究不仅成为环境学家们关注的焦点，也引起了设计师们的密切关注。低污染、节能的交通工具、使用新技术的"绿色家电"等的出现受到了越来越多人的关注，成为用户首选的产品。

电脑业在全球的飞速发展，既给经济插上了信息翅膀，也带给环境相当大的压力。对此，韩国人Je Sung Park给出了他的解决办法，一种可以完全回收的纸电脑 (Recyclable

Paper Laptop)，采用再生纸浆和生物芯片技术制作，其中，再生纸浆用于制造电脑的外壳和键盘等部件，而生物芯片技术则用于制造内核。它们一层一层地"粘合"在一起，哪个部分坏了，直接撕掉换新即可，就像是给乒乓球拍换张胶皮和海绵一样方便。由于都采用了环保和再生材料，因此，纸电脑(图2.30)在必要的时候可以完全回收，相对于现在的金属、塑料和硅材质的电脑，其环境压力将减轻许多。根据设计师的设想，这款超环保的纸电脑将在2020年左右变成现实，到时，人们甚至能像买计算器一样在超市以低廉的价格买到它们。

图2.30　未来的纸质电脑

面对新世纪，设计师和艺术家们已经不约而同地步入了"绿色设计"的行列中，家电、日用消费品等领域内，商家和设计师业已展开了激烈的竞争。奥迪汽车、西门子洗衣机、施乐复印机、惠普激光打印机，往往设计成可拆卸的结构，并使零部件能够充分利用，便于回收重复使用。在美国，汽车的回收率非常引人注目，每辆汽车几乎75%的部分都可以重新利用，全美1.2万家汽车回收商将发动机、电动机及其他值钱的零部件，拆卸下来加以翻新，重新出售，年营业额达几十亿美元。这不但大大减少了工业垃圾，节省了垃圾处理的费用，更缓解了对环境造成的污染。"以人为本，与环境友善"，两者的完美结合，不但为人类带来了健康美好的生活环境，同时也满足了在新世纪高科技冲击下人类企盼回归到自然的理想愿望。

2.2.3　特殊人群的需要

对人的关怀，是工业设计最具人道主义和人情味的体现。在对特殊人群(妇女、儿童、老年人、残疾人)进行产品设计时，用户的需要心理分析显得尤为重要。他们由于身体条件的特殊性，必然对许多用品工具有着特殊的需要。而使用产品的体验，又会影响到他们的心理感受。

例如，对于视觉障碍的人士来说，使用刀具是一项很危险的事情，如果按正常人的生理心理需要来进行设计的话，必然会给他们在使用上带来巨大的麻烦，使得他们在操作产品的过程中极易产生烦躁、焦虑、担心的情绪，甚至还可能产生对产品的厌恶心理。在我国各类残疾人大约有八千多万，而社会保障事业起步较晚，因此针对这部分特殊人群的需要而进行的设计应当是现在工业设计的一个重要方向。

在西方，切面包是家家户户年女老少都要干的事情，本克切彤(Maria Benkzton)与尤林(Sven-Eric Juhlin) 二人就专门为残疾人和儿童设计了一种切面包刀(图2.31)。它的结构非常简单，但是功能却很强大。其充分发挥了造型的功能，使得这种切面包刀的刀刃运动方向被严格固定，它不靠手而靠刀刃和支架固定面包，从而使手避开刀刃，保障了这类使用者的安全。而操作上的安全方便，也为使用者带来了心理上的愉悦感受。

脚趾鼠标 (Toe Mouse)是为残障人士设计的，采用了仿生学设计，整体造型如同破浪前行的鲸鱼尾，可以自然地用脚趾夹着，像双手一样完成移动鼠标指针和左右键点击的操作，如图2.32所示。

图 2.31 专为儿童及残疾人设计的切面包刀

图 2.32 脚趾鼠标

针对特殊人群所进行的设计除了要满足他们的生理需要之外，还应反映出他们的情感心理需要。即通过对产品的开发和挖掘，从中渗透出人类优良的伦理道德，使人感到亲切和温馨。有些设计师正是利用这点，将设计的触角伸向了人类的心灵深处，让使用者心领神会而备感亲切。例如，超市的手推车上增加舒适的幼儿椅，可以让年轻的父母在购物时容易照顾孩子，无微不至的亲情便体现在这细微的设计细节之中。

对于幼儿这类特殊人群来说，由于特殊的生理要求，拿东西时出于本能，会将手中的物体紧紧握住以确定它的存在，另外小年龄的孩子手不会拐弯，勺子里的饭往嘴里送比较困难。但在幼儿餐具的设计上，市面上出现的产品多为成人餐具的缩小版，使幼儿难以紧握，不得不总是依赖母亲喂食，影响幼儿建立自信和早日自立。

2.3 如何确立用户需要

2.3.1 如何收集用户的需要信息

随着现代生产技术的快速发展，以产品为中心的商业模式正在向以客户为中心的商业模式转变，如何快速而准确地获取客户的需求信息，并对其进行分析、归纳、总结，进而把客户需要转换成为企业进行产品设计的数据，是每个企业都要面临的问题。

前面两节详细介绍了了解用户的需要心理对一个成功的产品设计的重要性。在现实的产品研发及产品策划过程中，如何才能做到充分而准确地了解用户群的需要信息呢？目前常用的有三种方式——抽样随机调查法、集中用户讨论法和考察现有产品的使用情况法。

当调查的客户量较大而又要降低调查成本的时候，大多采用抽样随机调查的方法来了解客户的信息。抽样随机调查是按照随机原则从调查总体中抽取部分单位进行调查，用调查所得指标数值代替调查总体相应指标数值，从而做出具有一定可靠性的估计和判断的一种统计调查方法。通过抽样随机调查对市场及消费者的深入调查，设计师可以对产品的使用情况进行分析，总结出其在结构、功能、色彩、造型等方面的设计趋势及现有产品的缺陷，另外目标用户群生活形态的特征及社会价值观念等方面的需要也是值得设计师关注的地方。设计师在调查和分析的过程中往往可以发现一些蕴含在其中的新的设计理念，指明设计的新方向，促使他们对新产品设计更加深层次的思考。

在抽样随机调查的过程中，调查问卷作为设计师与调查用户交流的重要媒介，是反应用户需要的一个重要途径，其设计也显得至关重要。调查问卷设计得好，不但可以为设计师提供更多有价值的信息，准确地了解用户的需要，而且也为最终确立产品特征奠定了理论基础。在这里需要强调在设计调查问卷时值得注意的几方面：

(1) 调查表要简洁、明白，容易理解，同时用词要亲切，平易近人；

(2) 对问题要严格确定界限，一个问题问一个点，避免被调查者产生混淆；

(3) 对涉及个人隐私的问题，要采用间接提问的方式；

(4) 要尽量采用事实性的问句，避免引起偏差的设问；

(5) 对问句的排列尽量把不敏感的话题排列在问卷的前面，这样可以保证被调查者的愉快心情。

除了上面介绍的抽样随机调查外，集中用户讨论和考察现有产品的使用情况也可以收集到原始的数据。集中用户讨论是指将8～12个用户集中为一组进行长达2小时左右的讨论，这一过程允许设计人员参与并观察讨论的进度，同时讨论的过程也将被录制下来，以便日后作为参照的资料。

考察现有产品的使用情况则是指通过观察用户对现有产品的使用情况来发现关于用户需要的信息。例如，某些用户在粉刷房屋的时候，往往使用电动螺丝刀来打开油漆罐，而不是用它来拧螺丝，这一发现就揭示了产品的另外一个功能属性，而且设计师如果不主动与用户打交道，也许永远不会知道这些。另外，这种观察行为是一个积极的过程，设计者不用刻意与用户交流，但是要特别注意用户在使用过程中的语言及行为，因为其中往往包含了重要的有价值的信息。例如，用户在操作产品时，一个皱眉、一声叹息、一个微笑都能反映出他们对于手中产品的态度和心理感受。而这种表现形式与语言相比，要更为直接和不加掩饰，是用户内心感受的第一反映，也是设计师最应该仔细研究的地方。

对于以上这三种方法，建议以抽样随机调查为主，其他两种方法作为它的补充。因为集中用户讨论往往是在调查问卷工作结束之后对于调查结果的一个再测试，以确定所收集的用户需要信息是否准确。其实，在现实的产品研发过程中，收集用户信息的方法并不只是上面介绍的这三种，根据不同的产品属性，还可以有很多途径来调查用户群的需要信息。

市场调查和信息分析工作是产品设计最重要的阶段，属于设计前期的准备工作，导致很多企业设计失败的原因就是在项目的一开始就没有做好足够的准备工作。因此，设计前期设计师一定要明确产品用户是谁，使用者的特点及对产品的需要是什么，企业又如何通过对新产品的设计来满足这些需要等问题。

2.3.2　创造需要的观点

随着社会的发展，人们富裕程度的提高和选择消费的成熟化，一些行业在原有适应需要、迎合需要的基础上，又提出了创造需要的观点。创造需要是人类创造性思维的一个表现，产品中的创造性越强对用户的吸引也就越大，也越能从用户那里得到更多的回报。在过去的社会环境中，产品只是为了满足人们使用的目的，只具备了最基本的功能属性，人们并不关注产品是否美观、是否安全、是否能给他们带来情感上的满足。而这些我们今天看起来很平常的心理需要在当时的社会环境中并没有被广大的用户所意识。以"机器为中心"的设计泯灭了个人需要的满足在设计中的支配作用，人们对于美、情感的需求在工业革命的冲击下显得一文不值。

但是随着许多杰出设计师的出现，过去被人们抛弃的需求心理重又回到了设计的舞台上。设计师通过向人们展示造型优美的产品，使用户意识到了自身对美感的需要，通过设计那些操作安全简便、符合人机工程学原理的机器设备，从而又激起了用户对于安全因素的考虑。所以说，受到现有产品及技术发展水平的影响，某些需要用户往往是意识不到的，他们目前所抱有的需要心理只是对已有产品的一个再描述而已，我们迫切需要设计师能够去挖掘这些潜在的、甚至是尚未出现的用户需要。因此，在已有的满足需要的理论基础上，很多设计师又提出了创造需要的观点。由于需要具有引导性的特点，所以当一个蕴含着新需要的产品被开发出来的时候，一旦被用户意识到这种新需要的存在，它很有可能成为产品的闪光点和创新点而吸引用户的注意。

以座椅为例。过去人们只知道座椅是用来供人休息的，千篇一律四条腿支持椅面的座椅设计成了人们对于座椅形态的最基本认识。但是当花瓣状、鸡蛋状、莲蓬状的座椅(图2.33)被设计出来的时候，人们才意识到原来座椅也可以做得如此有趣，也可以起到装饰美化环境及调节心情的作用。与此相同的就是家用电脑的设计，过去的办公电器通常是以黑、白、灰为主色调的，但是当苹果推出iMac电脑的时候，其五彩斑斓半透明的设计立刻引起了市场轰动，成为消费者抢购的热点。在这两个例子中，用户追求情趣满足的心理需要被设计师通过产品而创造了出来，成为现在设计心理学中最为普遍而常见的一种用户需要。

图 2.33　花瓣状、莲蓬状的座椅

1. 创造新的生活方式

创造一种新的生活方式，是指通过对产品功能、造型等的再设计，改善或完全改变原有的使用操作方式或提供一种新的使用功能，使产品在使用、操作和审美感受上更科学、更合理，更贴近人的心理需要，从而给用户带来一种全新的生活方式，满足人们在生活方式改变上的需要。

日本索尼公司开发的Walkman(图2.34)就改变了传统的听音乐的方式，创造了一种更为弹性欣赏音乐的方式，以至于我们经常用Walkman来称呼包括Sony在内的一切同类产品。"Walkman——步行者"的实质就是将普通的录音机芯改制成微型的机芯，其体积小巧，携带方便，无论你是走在校园中，还是在安静的图书馆，都能随心所欲地欣赏音乐而不影响他人。这一全新的听音乐的方式最初遭到了很多人的反对，反对者认为它会损伤人的听力并诱发更多的交通事故，一定会遭到公众的抵制。但事实证明，它所创造的新的生活方式，使得人们生活更为自由惬意，立即受到了当时音乐爱好者的普遍欢迎和接受。同时，从这一收听音乐的方式中也延伸出了其他多种学习方式的可能，如用Walkman来学习英语，从而改变了年轻一代学生的学习方式。当代，苹果公司推出的iPod，又催生了新的听音乐方式及音乐传播平台。即使是同一类产品，针对不同的使用者，由于其使用方式及使用目的的不同，设计的侧重点也不尽相同。通过Walkman和iPod成功的实例，可以看出通过对产品使用方式的创新，不但带来了产品形态上的创新，同时也改变了人们的生活方式，发掘了人类心灵里的潜在需要。因而，对生活方式的创造是设计师创造需要的途径之一。

2. 创造新的价值体验

在现实的产品设计中，产品设计在很大程度上是为消费者提供一种良好的体验或经历。如一台家用吸尘器的设计。由于吸尘是一种清除垃圾和灰尘的工作，如果这台吸尘器设计得好，如优美的外形、舒适的操作方式、和谐的色彩等，会使这种令人乏味、琐碎的家务劳动变得轻松愉快起来。有了这种经历和体验以后，当消费者再去购买这类产品的时候，总希望能在新产品身上找回过去体验的感受。因此可以说，之前吸尘器的成功设计就是一个创造需要的过程，当这一需要被创造出来并逐渐被用户接受时，其就由以前潜在的需要而演变为现在的显性需要了。因此，创造一种新的价值体验也是创造需要的方法之一。

以上例子充分说明，通过创造需要，设计师可以创造出一些用户从未有过的需要心理。目前我们还有很多尚未挖掘到的用户需要心理，对现存需要的研究固然重要，但是创造需要才是产品得以长久发展的动力。

设计的对象虽然是产品，但是设计目的却是为了人，人才是设计的出发点和根本目的。"以人为本"的思想是每个设计师都应该具备的，因此，为了人的设计才是最好的设计，才会经得起市场和时间的考验。

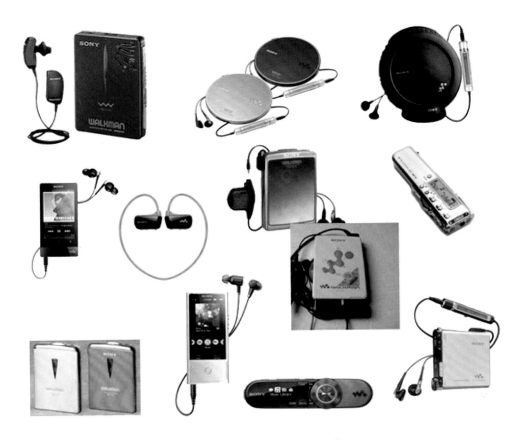

图 2.34　索尼 Walkman 发展历程及经典产品

2.4　领跑全面的消费需求

消费需求是指消费者对以商品和劳务形式存在的消费品的需求和欲望。当商品经济处于不发达阶段时，消费者的消费领域比较狭窄，内容很不丰富，满足程度也受到限制，处于一种压抑状态。在市场经济条件下，生产资料和生活资料都是商品，消费需求的满足离不开市场交换。随着社会生产力的不断发展，企业将向市场提供数量更多，质量更优的产品，以便更好地满足消费者的消费需求。随着人们物质文化生活水平的日益提高，消费需求也呈现出多样化、多层次，并由低层次向高层次逐步发展，消费领域不断扩展，消费内容日益丰富，消费质量不断提高的趋势。

2.4.1　消费需求的内容

1．对商品使用价值的需求

使用价值是商品的物质属性，也是消费需求的基本内容，人的消费不是抽象的，而是有具体的物质内容，无论这种消费侧重于满足人的物质需要，还是心理需要，都离不开特定的物质载体，且这种物质载体必须具有一定的使用价值。

2．对商品审美的需求

对美好事物的向往和追求是人类的天性，它体现于人类生活的各个方面。在消费需求中，人们对消费对象审美的要求主要表现在商品的工艺设计、造型、式样、色彩、装潢、风格等方面。人们在对商品质量重视的同时，总是希望该商品还具有漂亮的外观、和谐的色调等一系列符合审美情趣的特点。

3．对商品时代性的需求

人们的消费需求总是自觉或不自觉地反映着时代的特征，人们追求消费的时代性就是不断感觉到社会环境的变化，从而调整其消费观念和行为，以适应时代变化的过程。这一要求在消费活动中主要表现为：要求商品趋时、富于变化、新颖、奇特、能反映当代的最新思想。总之，要求商品富有时代气息。从某种意义上说，商品的时代性意味着商品的生命。一种商品一旦被时代所淘汰，成为过时的东西，就会滞销，结束生命周期。为此，设计师应紧握时代时尚脉搏，使创造产物满足消费者对商品时代感的需求。

4．对商品社会象征性的需求

所谓商品的社会象征性，是人们赋予商品一定的社会意义，使得购买、拥有某种商品的消费者得到某种心理上的满足。例如，有的人想通过某种消费活动表明他的社会地位和身份，有的人想通过所拥有的商品提高在社会上的知名度。如图2.35所示，Bang & Olufsen(B&O) 公司的产品一直以生产和设计高端商品为自我定位，其质量优异、造型高雅、操作方便，并始终沿袭公司一贯硬边特色；精致、简练的设计语言和方便、直观的操作方式，风格独特，与众不同；贵族气质、简洁、高雅的B&O风格；以简洁、创新、梦幻称雄于世界；体现了对品质、高技术、高情趣的追求；力求让产品与居住环境艺术相融合，而且拥有全球最具创意的设计，融合了顶尖的技术成果。

图2.35 Bang & Olufsen 的产品

5．对优良服务的需求

随着商品市场的发达和人们物质文化消费水平的提高，优良的服务已经成为消费者对商品需求的一个组成部分，"花钱买服务"的思想已经被大多数消费者所接受。

2.4.2　影响消费需求的主要因素

1．整体经济水平提高与个人经济心理预期的复杂化

经济状况决定人们的购买能力，影响其消费欲望，也影响着顾客消费的选择及其结构。另外，经济预期也对人们消费欲望和消费选择有着重要影响。在社会整体经济状况不断改善的同时，随着市场经济发展的不断深入，影响个人经济预期因素的复杂化，其个体差异性不断扩大。经济状况的变化和经济预期的个性化，是使消费需求及其结构多样化、复杂化的重要影响因素之一。

(1) 社会、经济的发展，物质、文化生活水平的逐步提高，人们摆脱基本生活条件的约束，其追求领域、范围逐步扩大，层次不断提高。

(2) 企业经营水平的提高，不断刺激着新的消费欲望的产生。新产品的不断涌现，产品生命周期逐步缩短，现实消费需求不断被满足，刺激着人们新的消费追求；其次，企业唤起顾客潜在需求为现实需求的能力与水平的提高，也是促进消费需求变化的重要因素之一。

(3) 生活的需求越来越多样化复杂化。由过去注重对某一产品或服务的单项消费效用的追求，向追求生活质量的复合性、系统性需求转变，使生活需求复合化。此外，由于商品的"泛滥"，顾客消费决策的时间、精力成本增加，也使人们对产品(或服务)非功能性需求的程度提高。

(4) 工作、学习、生活压力增大与缓释心理压力的环境、条件的变化。由于追求更高的生活质量和社会地位，激烈的社会竞争，不断加快的生活节奏等，人们往往需要通过消费活动或直接以精神的或物质的或综合的休闲消费的方式，有意或无意地缓释压力或发泄某种情绪。

2．社会文化、价值观的多样化

(1) 各种形式的经济、文化活动交流，交通、信息与通信手段的发达，促进各种文化的交融和价值观的多样化，也直接影响、刺激人们对生活的追求和对具体产品的欲望。

(2) 思想、行为约束的不断松缓，创造了自由追求的精神空间。之前，为获得生存与发展的必要条件，个人需要依赖于某个或数个团体。而团体需要通过某种约束，使团体成员"团结一致"。现在，这种"依赖"与"约束"的意识和程度日趋减弱。个人对特定群体(如家族、家庭以及所就职的组织等)的依赖程度逐步降低，有助于人们对生活的多元化与个性化追求。

(3) 在对特定归属群体依赖程度降低的同时，人们往往有意识、无意识地归属于有更多自由度的社会团体，如追星族、球迷、汇友、股民、彩民等。不同程度地影响着价值观及生活方式与生活追求。

3．个人需要与动机的变化

随着生活需要满足水平的逐步提高和生活态度及方式的改变，直接或间接的生活、消

费经验的丰富，消费心理的不断成熟，其生活追求形成了基本追求→求同→求异→优越性追求→自我满足追求的基本变化过程。在基本生活需要得到满足之后，从追逐潮流、显示个性，到体现品位、追求自我满足。心理追求逐步向高层次发展，生活及消费动机也在不断多样化。

4．潜在消费需求

潜在消费需求是指未来即将出现的消费需求。它表现为以下三种形式：

第一种是具有明确消费意识，但目前缺乏足够支付能力的那部分需求，或由于购买力的限制，暂时还未得以实现。

第二种是支付能力允许，但由于目前消费者的消费意识不太明确而未形成的那部分消费需求，这部分潜在需求很快会转化为现实的消费需求。

第三种是指受国家政策影响，在未来即将出现的消费需求。这类需求要悉心研究国家或国际政治经济的动向，这是许多品牌设计大公司进行产品开发设计的主要依据。

2.4.3　消费需求的变化趋势

1．广泛化与高度化

首先，随着生活水平的提高，生活领域不断扩大，生活方式多样化，消费生活的范围不断扩延，其需求的领域逐步扩大；其次，心理需要层次的提高，在对具体产品、服务的消费上，追求和关注的方面也越来越广。在满足个人自身物质、生理需要的基础上，逐步追求更广泛的社会及自然环境等关系中的种种需要。随着环境的变化和一系列条件的满足，人们具备或正在具备追求更高层次生活的愿望和能力。顾客消费结构及需求层次不断提高，顾客由对生存的需求更多地转向对享受和发展的需求。

2．情感化与感性化

心理需要层次的提高，对精神需要的程度不断增强。而且，由于技术水平的提高，产品质量、性能等物质指标差异化程度越来越小，情感在购买决策中的权重越来越大。由高情感的需要导致感性消费的需求。将消费活动与自我概念密切关联，作为追求共情(情感上的共鸣)、体验、展示能力或风貌等的舞台。

3．个性化与多样化

心理追求上，由于人们更多地"求异""追求优越性""追求自我满足"，或为表现个性，或为自我满足，追求个性独立、自由和产品、服务的专属性甚至唯一性的趋势愈加明显。

需求的多样化是高层次化、个性化、情感化的直接结果。随着心理需要层次的提高，需求变得越来越复杂、多样。特别是对于不同的个体，在情感、精神的追求方面将会表现出更大的差异。对于同一顾客，在不同的生活领域其追求的差异性也变得愈加明显。由于生活方式的多样化，人们在不同的生活领域可能表现出不同的生活方式，进而相应的消费需求也会呈现出差异性和多样性。

4．健康化与绿色化

由于对生活质量的追求，人们更加关注自身身心健康。人们在注意生理安全、健康的同时，对心理、精神的健康关注程度逐步提高；追求舒适、享受，更多地利用休闲、娱乐消费或日常消费活动充实生活内容，调解身心状态；并逐步由关注眼前的小的健康环境到关注长远的社会大环境，注重环境保护、节约资源等绿色消费意识与需求将会不断加强。

小结

需要是心理学的重要概念。人类在社会生活中，早期从维持生存和延续后代，形成了最初的需要。人为了生存就要满足他的生理的需要。例如，饿了就需要食物；冷了就需要衣服；累了就需要休息；为了传宗接代，就需要恋爱、婚姻。人为了生存和发展还必然产生社会需求。例如，通过劳动，创造财富，改善生存条件；通过人际交往，沟通信息，交流感情，相互协作。人的这些生理需求和社会需求反映在个体的头脑中就形成了需要。设计的目的之一是促进社会生活的进步，提高人类物质文化水平。市场经济规律把创新作为制胜点，创新导向性设计告诉我们，需要心理研究是设计保持市场竞争力的导航器。它引导设计不断满足日益丰富的人的物质需要和精神需要。

习题

1．如何理解用户对设计的文化需要？

2．用户的需要与其价值观有何关系？

3．以手机为例，不同年龄段的用户群对手机的功能需求有何差异？原因何在？

4．以计算机人机界面的发展为例，试说明需要的心理研究对设计方向以及新产品的开发有何意义。

第3章　动机、行为与设计

　　心理学家把凡能引起个体动机并能满足个体需求的外在刺激称为"诱因"。行为可由需要引起，也可由环境因素引起，但往往是内在条件和外在条件交互影响的结果。在某一时刻最强烈的需要构成最强的动机，而最强的动机决定行为。

3.1 动机及行为

人从事任何活动都有一定的原因，这个原因就是人的行为动机，动机可以是有意识的，也可能是无意识的。它能产生一股动力，引起人们的行动，维持这种行动朝向一定目标，并且能强化人的行动，因此也被称为驱动力。

3.1.1 动机简介

1. 动机的概念

动机的英文motivation一词，源于拉丁文moverel，即推动的意思。动机是为满足某种需要而发生行为的念头或想法，它是激发个体朝着一定目标活动，并维持这种活动的一种内在的心理过程或内部的动力。它不仅引发人们从事某种活动或发生某种行为，而且规定行为的方向。行为动机不能进行直接的观察，但可根据个体外部的行为表现加以推断。如果说需要(needs)作为某种活动的原动力，需要的缺乏给行为指出方向的话，那么，动机则是在心理的强化之下给需要的方向定位，并推动有机体沿着预期的目标行动。它不仅有激发行为的作用，而且还影响着行为持续的时间。

需要引起动机，动机是在需要的基础上产生出来的，是需要的具体体现。但需要和动机不能等同起来，即使在购买过程中，需要与动机都是有区别的。人有时有某种需要，但未必激发一定的动机，只有在需求度达到一定强度的时候，才会激发一定的动机。当人意识到自己的需要时，他就会去寻找满足需要的对象，这时活动的动机便产生了。除需要之外，内驱力、诱因和情绪也都可激发活动的动机。当有机体内部处于不平衡状态时，便会激活有机体，让其采取某种活动来恢复机体的平衡，这就产生了活动的动机。内驱力是由生理需要引起的，推动有机体去追求需要满足的一种唤醒状态。诱因是指能引起有机体的定向活动，并能满足某种需要的外部条件。有了这种条件，即使有机体内部并没有失去平衡，也会引起活动的动机。对于情绪而言，积极的情绪会推动人去设法获得某个对象，消极的情绪会促使人远离某个对象，所以情绪也具有影响动机的作用。

产生了动机，人们就会寻求满足需要的目标，并且在目标找到之后进行满足需要的活动或行为(购买行为或消费行为)。当行为告成，需要或动机得到满足，生理或心理的紧张状态得以解除，个体重新恢复平衡，新的需要又将产生。这个过程如图3.1所示。

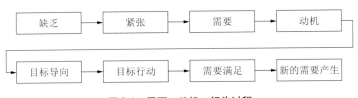

图 3.1 需要、动机、行为过程

2．动机的特征

动机与实践活动紧密相连，人的所有活动，行为都受动机影响。动机不但激起行为，而且驱使行为朝特定的方向和预期的目的运动，它是一种内在的心理倾向，其变化的过程是看不见的，但是我们可以从行为来观察和分析动机本身的内涵和特征。

1) 主导性与次要性

在复杂的动机中，有些动机是强烈而持久的，不断驱使人们采取行动，始终如一地向着一定的目标努力。主导性动机是指较为强烈、稳定、在活动中处于支配地位的动机。依从性动机是指在活动中所起作用弱、不稳定、处于依从性地位的动机。主导性动机具有突出的主导性，而同时具有的其他动机都退居次要从属地位。例如，一个作家想要创作一本新书，那么他就必须要坚持不懈的写作、看书、浏览资料，这时写作就成了他的主导动机，而娱乐、运动等等就都成了次要动机。

2) 清晰度

动机清晰度是动机的另一个特征，它表明动机指向的目标在意识程度上有高低之分。往往大部分人在动机上并没有很清晰的认识，动机的清晰度并不总是十分的明朗。

3) 动机转换

需要的转换必定导致动机的转化，人的各种动机都是在动态的转移和不断调整的过程中，转换后又会形成新的动机。其实转换本身也是一种动机推动的结果。

而同一时期的几个动机的主次是可以转变的。如同前面的例子，如果这个作家在准备写作那段时期有一个重要的报告要做，那么他的主导动机就发生了改变，写作退为次要动机，而准备报告成为主导动机。总之，一个动机会被另一个动机所替代，也称动机更替，它对改变个体的行为有直接的影响。一般来说，被取代的动机常常是动机强度较弱的。

4) 潜在性与冲突性

除了明显的动机之外，还存在一种潜在性的动机，消费者一时未能实现或暂时不能付诸实施的动机，即动机的潜在性。具有潜在性的需求，就会产生潜在性动机。有时动机往往很难被人察觉，而且有的动机不想让人知道，如厂家对新产品的策划动机要极为保密，也是动机潜在性的一种表现。另外，在多种动机中，一种动机即将要转化为主导性的动机时也构成动机的潜在性。因此，设计师和厂家必须研究动机的潜在性。

人的需要总是难以同时满足的，所以，对主导性动机的选择总是处于矛盾冲突中。比如，一个学生在是买一个MP4还是买一双运动鞋之间犹豫——如果他买MP4，余下的钱就不能买心仪已久的运动鞋，如果他买运动鞋就不能买MP4，于是产生了动机冲突。

所谓动机冲突，是指在个体活动中经常同时产生两个或两个以上的动机，如果这些并存的动机无法同时得到满足，而是相互对立或排斥，其中某一个动机获得满足，而其他动机受到阻碍而产生的难以做决定的心理状态。表现为几个相互矛盾的动机发生斗争，斗争的结果是决定买何种商品、买何种品牌、去逛商店还是看书、坐轮船还是坐汽车等。

3．动机的种类

作为一种内在的刺激活动，不同类型的动机有着不同的起源，具有不同的性质，对于个体的活动也有着不同的影响和作用，由此可对动机进行不同的分类。

(1) 根据动机的性质或来源，可将动机划分为生理性动机和社会性动机。

生理性动机由有机体的生理需要产生，因此这种动机又叫驱力或内驱力，如吃饭、穿衣、休息等的动机，是一种不能回避也不可遏制的内在需求动机。

作为社会的基本组成单位，个人必然产生以人类社会文化需要为基础的动机，即社会性动机。社会动机分为以下三类：

① 交往动机。交往动机是一种基本的社会动机，人在交往中为自己的行为制订有针对性的交流，然后与人们期望他做的和自己真实做的进行对比，为了使自己能够适应社会群体环境而对行为观点等进行有效的调节。交往动机指个体愿意归属于某一团体，喜欢与人交往，希望得到别人的关心、友谊、支持、合作与赞赏，是个体与他人接近、合作、互惠并发展友谊的内在需要。

交往动机的获得方式有两种不同的观点。一种观点认为交往倾向是先天遗传的神经模式，是一种本能行为，遗传的基本交往倾向是自然选择的结果。另一种观点认为交往行为是一种后天习得的行为，交往行为的学习有多种方式，条件反射和奖赏等都有可能加强交往倾向。

交往是人类社会生存的一项重要活动，人们总会花大量的时间与他人相处，由此产生交往行为。在所有的交往行为中，有些是先天遗传的，有些是后天学习得来的，还有些是两者相互作用的结果。

实际上，即使人们能够自立生存时，也仍然会与他人维持良好的关系。人们之所以要保持与他人的亲密关系，原因是为了合作、情谊与归属。

② 成就动机。成就动机是指人们力求获得成功的内在动力。一个人对自己认为重要的、有价值的事情，会努力去克服困难，尽力达成目标的一种内部推动力量。一个拥有这种动力的个体希望能够达到目标，并且向着目标前进。成功对于个体的重要性主要在于其本身的原因，而不是随之而来的报酬。

个体的成就动机中含有两种成分：追求成功的倾向和回避失败的倾向。一般认为，成就动机较高的人喜欢选择富于挑战性的任务，其追求成功的倾向大于回避失败的倾向。高成就动机水平的人常把以往的成功归因于能力与努力，而把失败归因于缺乏努力这种可变的内在因素上，这种归因方式会使他们今后更努力地去改变自身不利于成功的缺点，不断努力，不断进取。

成就动机水平较低的人则因害怕失败而回避困难的任务。他们会把以往的失败归因于缺乏能力这种稳定的、不可变的内在因素上，而把成功归因于外在原因(如运气等)，这种归因会使他们安于现状、消极被动、过于自责和不思进取。

成就动机具有三大特征：具有挑战性与创造性、具有坚定信念、有正确的归因方式。

影响成就动机的因素有两点：目标的挑战性越大，成就动机越大。个体表现才能的机会越多，成就动机就越强。

③工作动机。工作动机是最有效能、最为复杂的社会性动机之一，是一种使个体努力工作，高质量创新并不断完善自己工作的动机。工作动机来自不同工作需要的驱动，不管人的工作动机来自什么需要，它总是人们不辞辛苦地勤奋工作的强大动力。人们为了生存，为了证明自身的价值，为了使自己更成熟，甚至为了寻求一种乐趣而努力做着各种各样的工作。因此，工作是每个人一生的事业。

（2）根据学习在动机形成和发展中的作用，可将动机划分为原始动机和习得动机。

生而具有，并以人的本能为基础的动机称为原始动机，一般生理性的动机都是原始动机。通过学习产生和发展起来的动机，即后天获得的动机属于习得动机。

（3）根据动机的意识水平，可将动机划分为有意识的动机和无意识的动机。

能意识到自己活动的目的动机叫有意识的动机；没有意识到或没有清楚地意识到的动机叫无意识动机。在弗洛伊德看来，所谓无意识动机，就是构成无意识（潜意识）的那些个人的原始的盲目冲动、各种本能以及出生后和本能有关的欲望等。无意识动机在自我意识没有发展起来的婴幼儿身上存在着，在成人身上也存在着。例如，心理定势，"一遭被蛇咬，十年怕井绳"就是心理定势的直观体现。所谓定势，是指人的一种心理活动的预先准备状态，这种准备状态是先前心理活动的结果，它对人的知觉、记忆、思维、行为和态度都会起到重要的作用。如果新的问题与先前解决的问题类似，定势则会促进新问题的解决，否则，就会阻碍新问题的解决。如图3.2所示，13放在阿拉伯数字中间，会把它读为数字"13"；如果把它放在英文字母中间，则会把它读为英文字母"B"。

图 3.2 放在字母和数字之间的 13

（4）根据动机的来源，可将动机划分为内在动机和外在动机。

人在外部环境影响下所产生的动机叫外在动机，由个体内在需要引起的动机叫内在动机。

（5）根据动机的作用，可将动机划分为主导动机和一般动机。

最强烈最稳定的动机是主导动机，也可称为优势动机，它对个体行为起着支配的作用；其他对个体行为不起支配作用的动机为一般动机，也称为辅助动机，或非主导动机。

（6）根据动机的范围，可将动机划分为广泛动机和局部动机。

广泛动机指个体的行为由多种动机所推动，并且能长期坚持一贯的方向，也称概括动机。局部动机指对人的行为直接起作用的动机，也称具体动机。

（7）根据动机与活动本身的关系，可将动机划分为内部动机和外部动机。

内部动机是指人们对活动本身感兴趣，由于活动能使人们获得满足，活动本身就是人们自己的奖励与报酬，无需外加的奖赏。外部动机是指那种不是由活动本身引起而是由与活动没有内在联系的外部刺激或原因诱发出来的动机。

4．动机的构成

动机由需要驱使、刺激强化和目标诱导三种要素构成。

(1) 需要驱使。需要是人积极性的基础和根源，动机是推动人们活动的直接原因。人类的各种行为都是在动机的作用下，向着某一目标进行的。而人的动机又是由于某种欲求或需要引起的。

(2) 刺激强化。需要必须有一定的强度。就是说，某种需要必须成为个体的强烈愿望，迫切要求得到满足。如果需要不迫切，则不足以促使人去行动以满足这个需要。

(3) 目标诱导。需要转化为动机还要有适当的客观条件，即诱因的刺激及其强度，它既包括物质的刺激也包括社会性的刺激。有了客观的诱因才能促使人去追求它、得到它，以满足某种需要；相反，就无法转化为动机。

5．动机的功能

动机是在需要的基础上产生的，它对人的行为活动具有以下三种功能：

(1) 激活功能。动机的激活功能是指动机有发动有机体行动的作用。动机能激发一个人产生某种行为，对行为起着始动作用。爱集邮的人，看到一张精美的邮票就会产生占有它的动机。个体一旦产生这种动机，就会想方设法买到或用其他物品换到这张邮票。这里的"买"或"换"的活动就是在"占有"的动机的推动下进行的。如果没有这种动机，就不会产生"买"或"换"的行为。

(2) 指向功能。动机的指向功能就是指动机使人们的活动指向特定的对象。动机不仅能唤起行为，而且能使行为具有稳固和完整的内容，使人趋向一定的志向。动机是引导行为的指示器，使个体行为具有明显的选择性。例如，一个人饿了的时候，他的活动就指向食品，他会去寻找或购买食品。如果一个人产生求知欲，就会在这种欲望的支配下产生学习的动机，于是，他会到书店买书或去图书馆借书或采取其他的方式来满足这一欲望。

(3) 维持和调整功能。动机能使个体的行为维持一定的时间，对行为起着续动作用。当活动指向个体所追求的目标时，相应的动机便获得强化，因而某种活动就会持续下去；相反，当活动背离个体所追求的目标时，就会降低活动的积极性或使活动完全停止下来。需强调的是，将活动的结果与个体原定的目标进行对照，是实现动机的维持和调整功能的重要条件。

3.1.2 行为简介

1．行为

行为是人对外界刺激产生的积极反应，可以是有意识的，也可以是无意识的。无意识的行为受习惯、生理因素(如遗传、疾病等)支配，有时人们不知道自己为什么要这样做，甚至不知道做了些什么。无意识行为常常表现为最充分、最直接的应激反应。无意识行为是没有进行主观判断而做出的一种本能的反应或行为，这种行为是人类最自然的本能反应。例如，当我们需要开灯而看到吊灯拉绳的时候，我们不必思考就会去拉动它。这种无意识行为通常是不为人们所注意的，但它又一直在人们的生活当中影响着人们的生活。因为这种无意识行为使人们感觉到很轻松，人们不必去思考它怎样做，下意识地就做出了正确的反应。如图3.3所示的深泽直人的"无意识设计"——带凹槽的雨伞和带纸篓的打印机。

图 3.3　深泽直人的"无意识设计"

　　有意识行为也是对环境的应激反应。但由于经过了意识缓冲，在相当多的时候不是简单的应激，而体现出创造性、综合性，并通过移情、移觉、分段延时、掩饰、取舍等在实际行动中表现得与应有的应激反应完全不同。行为的基本单元是动作，包括言语及脸部肌肉动作表示出的表情，如图3.4所示。

图 3.4　人的丰富表情

2．动机性行为

　　动机和行为之间有着复杂的关系，同一行为可以由不同的动机引起；不同的行为也可由相同的或相似的动机引起。一个人的行为动机也是多种多样的，有些动机起着主导作用，有些动机则处于从属地位。动机和效果之间一般来说是一致的，即良好的动机会产生积极的效果，不良的动机会产生消极的效果。正因为如此，我们可以通过观察个体的活动来推测其动机的性质和水平。根据个体活动的对象可以推测其动机的内容；根据其行动的显著性推测其动机的强度。例如，人有了学习动机，才会看书、思考；而学习动机越强，看书、思考就越刻苦。但是，如前所述，在实际生活中，由于某种因素的作用，动机和行为也会出现不一致的情况。例如，许多人努力学习是为了取得好成绩，有的人是为了事业和崇高的理想，有的人为的是实现父母的期望，有的人则纯粹为了工作和金钱等。具有相同动机的人可能有表现出不同的行动。例如，要从甲地去乙地，有人乘飞机，有人坐火车，有人坐汽车等，他们采用各种不同的方式。又如，许多人有"为国争光"这种动机，有的人通过刻苦训练，认真比赛，取得好的比赛成绩来为国争光；有的人则通过做好本职工作来为国争光。动机与行为的关系并非必然，也就是说，具有相同行为的人可能有不同的动机。

有意识的行为体现出人的主观能动性，动机较明确，也易被察觉，因此也被称为主动性行为或动机性行为。动机性行为分两种：目标行为和目标导向性行为。目标行为指的是行为本身就是目标。目标导向性行为是为达到目标而采取的行为。目标导向性行为使行为的复杂性和智慧参与性大大加强，但当目标行为开始以后，目标导向性行为一般都会降低。激励过程就是一个人从动机到行为达到目标的过程。要想影响一个人的行为，最重要的是选择恰当的适合人的需要结构的目标。

所谓目标，是指人期望在行动中达到的结果和成绩，是动机性行动的诱因，是人的意识中做出的对外界环境的应激反应，具体表现为获得物质和获得精神报酬。动机的强度和目标的价值与期待有关。目标对个体的意义越大，个体对实现目标的概率估计或期待越大，动机力量就越强。它们之间的关系可用如下公式表示：

$$动机力量 = 效价 \times 期待$$

式中，动机力量是指目标激发人的内部力量的强度，效价指目标对个人的价值，期待是指个人依据经验判断达到目标的可能性。从该公式中可以看出，动机力量与期待的高低和效价的大小成正比。

3．动机与活动效率的关系

动机对于提高活动效率具有重要意义。研究证明，各种活动都存在动机的最佳水平。动机过强或不足，都会使工作或学习效率降低，中等强度的动机最有利于发挥最佳工作效率。研究还发现，动机的最佳水平随活动性质的不同而不同。在简单容易的活动中，工作效率随动机的提高而上升，当活动难度加大时，动机强度要降低，如图3.5所示。

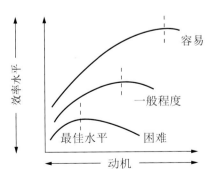

图 3.5　动机强度、活动难度和工作效率的关系

3.2 内在动机与行为

人的动机多种多样，其性质也各不相同。不同性质的动机，可以对人具有不同的意义，具有强度不同的推动力量。行动的方式、行动的坚持性和行动效果，在很大程度上受动机性质的制约。

3.2.1 基本概念

所谓内在动机，是指由个体的内在需要而引起的动机。这里所谓的个体，是指相对于社会群体的个体，并不是特指某个人，具体表现为在购买、使用产品中的主体。内在动机的覆盖面非常广泛，绝大多数与人相关的活动都与人的内在动机相联系，内在动机与外在动机的共同作用表现为行为。

对于内在动机的研究，既存的经典理论如下：

1. 本能理论

本能理论是最早被提出的理论。该理论认为，有机体生来即具有一些特定的先天倾向，这些倾向是维持生存所不可缺少的，人们的行为是受这些本能力量所驱动的。但是，本能理论不能解释人的所有动机行为。人的许多行为是由后天学习来加以改变的，不完全是一种先天机制的驱使。

2. 匮乏与成长动机理论

美国人本主义心理学家马斯洛将人的动机分为匮乏动机和成长动机。匮乏动机是指个体试图恢复自己生理和心理平衡状态的动机，在需要得到满足之后便趋于消失。而成长动机则不然，成长动机是被高级需要所驱使的动机，是指个体试图超过他以往成就的动机。在这种动机的驱使下，人们愿意承受不确定性、紧张乃至痛苦，以使自身的潜能得以实现。

3.2.2 内在动机的表现

马斯洛动机理论建立在需要层次理论上。他将需要分为不同的五种层次，他认为所有的人都有一个从低级到高级的需要层次。从最基本的生理需要到最高级的社会需要构成了一个需要等级，在不同的情境下激励和引导着个体的行为。在需要层次中，层次越低，力量越强大。当低级需要未得到满足时，这些需要便成为支配个体的主导性动机。然而，一旦较低层次的需要得得到满足，较高一层的需要便会占据主导地位，支配个体的行为。

1. 消费者心理与行为的三大模型

20世纪以来，心理学家、社会心理学家对探索人类心理与行为奥秘产生了浓厚的兴趣，纷纷进行研究，试图提示隐藏在复杂行为背后的一般心理规律。其中最为著名的可能是K. 勒温在大量实验研究基础上提出的人类行为模型，如图3.6所示。

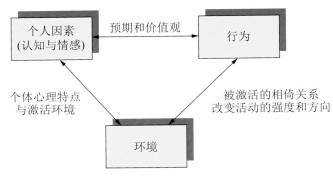

图 3.6　K. 勒温模型

1) K. 勒温模型

K. 勒温的行为模型如下式所示：

$$B = f(P，E)$$

K. 勒温的模型表明，人类的行为是个人与环境相互作用的结果。同时，该模型还进一步阐明人类的行为方式、指向和强度主要受两大因素的影响和制约，即个人的内在因素和外部环境因素。其中，个人内在因素包括生理因素和心理因素两类基本因素，而外部因素又包括自然环境和社会文化环境两类因素。

2) A. 班杜拉模型

心理学家 A. 班杜拉在 K. 勒温模型研究的基础上，提出人的行为三元(三向)交互作用形成理论，如图 3.7 所示。根据班杜拉提出的行为模型理论，人的行为既不是由内部因素决定的，也不是由外部刺激所控制的，而是由个人的行为、个人的认知、情感等内部因素与环境交互作用所决定的。根据班杜拉的人类行为交互作用模式，进一步发展出消费者心理与行为的概念性框架，对我们思考消费者心理与营销策略有着重要的启示作用。图 3.7 表征的是班杜拉的行为交互作用模式与营销策略的相互关系。在这里，消费者的感知(情感)与认知是指对外部环境的事物与刺激可能在人心理上产生的反应。感知反应偏向于情感方面，认知则涉及思考和知识结构。消费者行为是指外在行为，即可以直接观察到的消费者活动。环境包括各种自然的、社会的以及人与人之间交互产生的氛围，这些都对人的行为有影响。

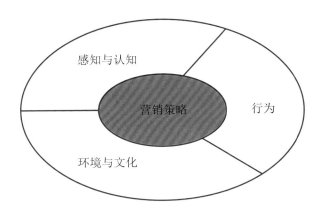

图 3.7　A. 班杜拉模型

3) D. I. 霍金斯模型

如果说前两个模型主要是从心理学理论本身考虑的话，那么美国消费心理与行为学家
D. I. 霍金斯的模型则是将心理学与营销策略整合的最佳典范。

霍金斯的消费者心理与行为模式如图3.8所示。

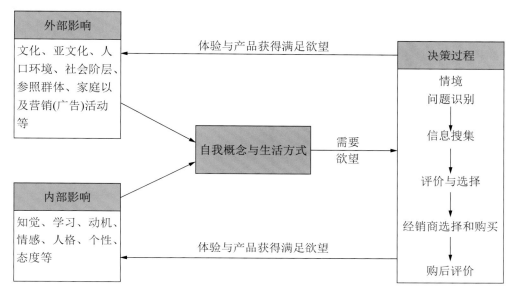

图 3.8　D. I. 霍金斯模型

霍金斯关于消费者心理和行为与营销策略的模型，为我们描述消费者特点提供了一
个基本结构与过程或概念性模型，也反映了今天人们对消费者心理与行为性质的信念和认
识。该模型认为，消费者在内外因素影响下形成自我概念(形象)和生活方式，然后消费者
的自我概念和生活方式导致一致的需要与欲望产生，这些需要与欲望大部分要求以消费行
为(获得产品)的满足与体验。同时这些也会影响今后的消费心理与行为，特别是对自我概
念和生活方式的调节与变化作用。其中，自我概念是个体关于自身的所有想法和情感的综
合体，生活方式则是个体如何生活。后者涉及个体所使用的产品，如何使用这些产品以及
对这些产品的评价和感觉。由此可见，生活方式是自我概念的折射。

2．消费行为

在上述消费者行为模式下，产生了比较具体的消费行为。

1) 追求适用、经济、可靠、美观

(1) 适用。即求实心理，是理智动机的基本点，即立足于商品的最基本效用。在适用
动机的驱使下，顾客偏重产品的技术性能，而对其外观、价格、品牌等的考虑则在其次。

(2) 经济。即求廉心理。在其他条件大体相同的情况下，价格往往成为左右顾客取舍
某种商品的关键因素。折扣券、大拍卖的营销方式，就是利用了"求廉"心理。如图3.9
所示的某国产品牌双开门冰箱的两款产品。这两款冰箱造型及容量相似，图3.9(a)所示的
高端产品无论是在性能还是在外观材料质感处理等方面都要大大优于图3.9(b)所示的低端
产品，但由于低端产品价格远低于高端产品，因此，在统计的产品销量上，价格较为低廉

的产品具有巨大的优势。可见对大众消费群体来说，低廉的价格会很大程度上影响消费者在选择产品时的心态。

(a) 某国产品牌手机   (b) 某非国产品牌手机

图 3.9　某国产品牌手机与某非国产品牌手机

（3）可靠。顾客总是希望商品在既定的寿命时间内能正常发挥其使用价值，可靠性实质上是"经济"的延伸，名牌商品在激烈的市场竞争中具有优势，就是因为具有上乘的质量。所以，具有远见的企业总是在保证质量的前提下打开产品销路。特别是在购买价值不菲的产品时，这种需求更加明显。比如人们在买一辆汽车时，会花较多的精力了解它的性能、使用情况、使用寿命等。而德国品牌的汽车一直以可靠耐用而受到广大消费者的喜爱。

随着经济条件的改善，顾客的自我保护意识得到强化，因此设计者必须预先察觉消费者的需求趋势，了解消费者想要什么样的产品，希望未来的产品有什么样的功能，从而设计出安全、人性的产品。

同时，随着科学知识的普及和环境保护意识的增强，人们在关注产品安全性的同时，愈来愈多地倾向于选购环保、节能的商品。"绿色产品"就是适合这一购买动机来促进销售的。图3.10所示为一款无需能源的手机扬声器。

图 3.10　无需能源的手机扬声器

(4) 美观。爱美之心人皆有之，美感也是产品的使用价值之一。企业对产品外观设计注入愈来愈多的投资，就是因为消费者做出购买决策时，美感对消费者购买动机的影响愈来愈大。因为对于很多商品来说，我们是无法在短时间内了解它的使用特性的，只有通过它们的外观美感来推断它的优劣。如图3.11所示的牛奶包装瓶的设计。

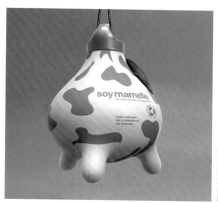

图 3.11　牛奶瓶外观设计

2) 购买、使用的愉悦感

人们往往追求在购买、使用产品中的愉悦感，具体表现为购买的方便性以及使用中的舒适性等。在社会生活节奏加快的今天，人们更加珍惜时间，对选择性不大的商品，就近购买、顺便购买、捎带购买的现象经常发生。一应俱全的超市之所以兴旺，邮购、电话购物、电视购物、网络购物等多种购物方式的兴起正是适合了消费者的这一内在的购买动机。

省力省事无疑是人们的一种自然需求。商品，尤其是技术复杂的商品，使用快捷方便，将会更多地受到消费者的青睐。带遥控的电视机、只需按一下的"傻瓜"照相机、操作简便的数码相机、还有一次性纸杯、碗筷等正是迎合了消费者的这一购买动机。但是，由于一次性用品的出现，导致了新的环境污染，所以设计师在设计这类用品时，应考虑产品是否能自动降解及是否能回收利用。

消费者总希望在使用产品中能够得到美好的体验，而不是仅仅为了完成某一简单的动作，因此设计师应在设计产品时尽力去激发消费者使用产品的欲望，使消费者在使用中得到一种满足。如图3.12所示为女性设计师Chie Morimoto设计的一款充满了自然情趣的手机。在这个设计中看不到很硬的表面，给人的情感体验是充满诗情画意。该设计强调的就是沟通应当脱离技术层面的诉求，作为沟通工具的手机应该是生活心情、蓝天白云，如此漂亮的沟通工具就不应该藏在口袋里，应当拿出来和世界接触，与心灵沟通。这样的概念产品无疑对在当今压力巨大的社会中渴望放松的消费者，尤其是女性消费者具有强大的吸引力和使用欲望。

图 3.12　与自然沟通的概念手机设计

　　老年人和儿童群体是设计师值得关注的人群，由于这类人群的生理特点，我们应特别注意省力、省事的设计。在为中老年人设计产品时，功能优化、操作简化、设计人性化，是衡量设计成功的三项重要因素。如图3.13所示产品为inSight公司研发的穿戴智能产品Near & Dear（相亲相近），是利用可穿戴技术在护理人和病人之间实现实时健康监控的可穿戴设备。Near&Dear可以将病人的状态以图表呈现，护理者可以随时在手机上查看病人状态，还能通过它与病人直接交流，非常适合有老人的家庭。图3.14所示为一款儿童衣柜，每个抽屉前面都画上了不同形状的简明图案，分别代表短裤、袜子、上衣、长裤。通过这样简单的分类可以帮助小朋友自己动手归类整理衣物。

图 3.13　inSight 公司研发的 Near & Dear（相亲相近）

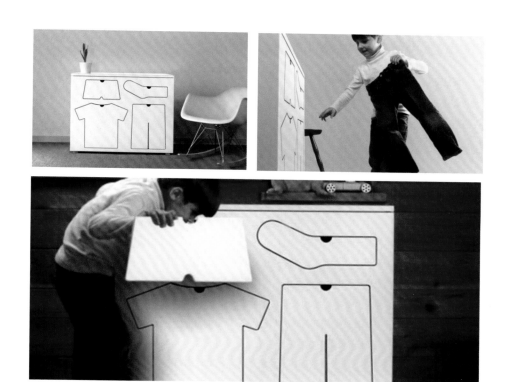

图 3.14　儿童衣柜

3）追求新奇心理

好奇心是所有人都具有的一种心理，诸如魔方、谜语手纸等能在市场上风靡一时就是迎合了这一心理。在设计中，利用好奇心理也可以达到很好的效果，如图3.15所示的Ctrl+Alt+Del 杯子和猫形状的碗，难道不能激发你的好奇心吗？

图 3.15　Ctrl+Alt+Del 杯子和猫形状的碗

4）习惯心理导向

消费者在购买行为中的习惯心理定势是一个不容忽视的方面。心理学中指出，人们在购买商品时总有一个习惯，如果第一次在一家商店买过东西，那么他们第二次就最可能在同一个地方购买；如果第一次购买了一个品牌的产品，那么下次他还是很可能购买这个品牌的产品，除非该品牌产品不能达到其要求。消费者在购买活动中并不表现得十分理性，而是以一种感性的态度来进行抉择的。如何利用和引导习惯心理，是设计师不可忽视的问题。其实这些都是发生在产品的销售现场，设计师能够控制的只能是尽可能地进行产品创新，以此来吸引消费者。这点在产品日趋同质化的今天显得更为重要。

5) 兴趣

兴趣是人认识某种事物或从事某种活动的心理倾向，它是以认识和探索外界事物的需要为基础的，是推动人认识事物，探索真理的重要动机。兴趣从广义上可分为直接兴趣和间接兴趣，直接兴趣是由认识事物本身的需要引起的兴趣，间接兴趣是由认识事物的目的和结果引起的兴趣。兴趣存在广度、中心点以及稳定性，良好的兴趣基础具有宽泛的兴趣范围，强烈的兴趣中心点，以及持久的稳定性，这样的兴趣才能产生促使人不断进行追求、探索，产生强大的兴趣效能。

兴趣是产生消费行为的重要动机因素之一。消费群体从性别特征可划分为男性消费群和女性消费群。各群体不同的消费心理决定了各自的消费兴趣。

(1) 女性消费者的兴趣。多数女性都具有热情细腻、联想丰富的心理特征，在产品的款式设计中巧妙地运用女性所特有的不完全幻想，处处留给她们发挥想象力的余地，同时满足她们幻想方面的需要，使其美梦成真，就极容易诱导女性产生购买行为。而且，有些女性心中常有一种"唯一"意识，经常希望自己是"与众不同的"。

同时，因为女性在心理个性上比男性有更强的情感特征，往往会通过感觉器官的直接感受形成对商品和服务的偏好，尤其是年轻女顾客表现突出。因此在设计女性用品时应更注重外观、色彩和款式，如图3.16和图3.17所示。

图 3.16　造型可爱色彩多样的书签

图 3.17　造型华丽优雅的香水

通过诸如色彩、声音、温度等的有效搭配，能够造成某种独特的情调渲染。而中年女性更加注重个性风格的体现，成熟、稳重、不落俗套的风格更能引起她们的注意。针对这一消费群体，设计时应高度重视产品款式上美观大方这一要求，尤其要在美的基础上强调大方，使之美而不艳、奇而不特。中年女性多为经济型的消费者，购物时对产品价格十分敏感，对超过预期价格的产品往往采取拒绝的态度，物美价廉是她们购物选择的基本标准。

在广告设计中，女性由于性别的差异，一般不喜欢战争与历险的画面，也不喜欢那些令她们害怕的动物及枯燥无味的画面。她们喜欢可爱的孩子、美丽的景色、舒适而整洁的环境。

当人的兴趣不是指向对某种对象的认识，而是指向某种活动时，动机便成为爱好。兴趣和爱好都和人的积极情感相联系，培养良好的兴趣和爱好是推动人努力学习、积极工作的有效途径。

(2) 男性消费者的兴趣。相对于女性来说，男性消费者购买商品的范围较窄，一般多购买"硬性商品"，注重理性，较强调阳刚气质，如图3.18和图3.19所示。其心理特征主要表现为注重商品质量、实用性、能反映男子汉气概。

男性消费者购买商品多为理性购买，不易受商品外观、环境及他人的影响。注重商品的使用效果及整体质量，不太关注细节，购买商品目的明确、迅速果断。男性的逻辑思维能力强，并喜欢通过杂志等媒体广泛收集有关产品的信息，决策迅速。由于男性本身所具有的攻击性和成就欲较强，所以男性购物时喜欢选购高档气派的产品，而且不愿讨价还价。

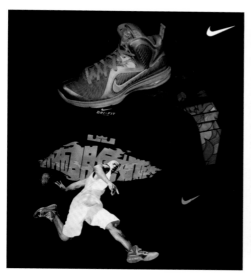

图 3.18　男子篮球鞋

图 3.19　简洁成熟稳重的打火机

6) 追求自由随意的购物环境

随着社会经济的不断发展，人们生活水平的不断提高，消费水平也上升到了一定的高度。消费者已经不能满足于单纯意义上的商品消费，大部分人更注重服务品质。这也是当代消费者的一种心理。他们希望得到优质的服务，得到一种被尊重的优越感，因此有时候服务比产品还要重要。例如自选式购物模式就是为了给顾客提供自由随意的舒适感和优雅轻松的购物环境而产生的，因此深受消费者青睐。

3.3 社会影响及行为

动机的形成是由于个体的内部刺激所引起的，但是并不是所有的动机都是由这种内部刺激所产生的，还有由外部环境的影响产生的动机，即社会性动机。社会性动机是人的精神方面的动机，起源于社会性需要，并与之相联系。社会性动机是以人类社会文化需要为基础的动机，如前所述，交往的需要引起交往动机，成就感的需要产生成就动机，权力的需要产生权利动机，以及人的兴趣爱好等都是社会性动机。

例如，即使已经有了台灯，可是当看到某个商家介绍的护眼节能台灯时，我们仍可能会动心并把它买回家。如图3.20所示的一款瘦身可乐的广告，连猫喝了都瘦了，你看了不想试一试吗？但是，诱因毕竟只是消费者动机的外因，它必须通过消费者动机的内因——需要起作用。然而，并不是所有的需要都会被消费者意识到，因此，它也需要外因的刺激提醒。当外因的刺激激发了内因的渴求时，消

图 3.20 瘦身可乐广告

费者的需求动机才会顺理成章地转化成购物动机。

在广告设计中，我们可以看到商品的成功销售与广告的成功是大有关联的。一个好的广告可以引起消费者的购买动机。这就是商家舍得花很多钱去为商品打广告的原因，目的当然是提醒消费者。好的广告会让我们印象深刻，那么什么样的广告会让我们印象深刻呢？那些往往出乎我们的意料，给我们惊奇感受的广告，能够让我们有意识地去看去想的广告，如图3.21所示的某牙膏广告和图3.22所示的某巧克力广告。

图 3.21 坚固牙齿的牙膏广告

图 3.22　令人印象深刻的巧克力广告

　　如果能积极利用动机的外部诱因并使用得当的话，会发挥出非凡的作用，例如在汽车展示会上，观众往往被现代化的环境和超现实的氛围所感染，沉浸于现代科技的梦幻中，如图 3.23 所示。

图 3.23　具有科技感的车展现场

　　如今，消费者在购物时往往会被各种目不暇接的新产品所吸引，进而产生强烈的购买动机。例如，大型超市中的玩具展区，其颜色装饰往往倾向于令人兴奋的暖色系列，特别是注意想象力与情趣氛围的烘托，以此来激发儿童的兴趣，如图 3.24 所示。这种大环境和展示商品个性的色彩基调，由于很快作用于人的心理情绪，所以能吸引到很多消费者。

图 3.24　暖色调的玩具店

展示设计中，导买点(Point of purchase，POP) 广告是一种综合性极强的广告形式，通常采用悬挂、摆放、粘贴等简便的固定方式进行广告宣传，如图3.25所示。它的作用是唤起消费者的潜在购买动机，产生购买行为。

图 3.25　卖场的广告

同样在产品设计中，我们也要利用外部诱因。比如说给手机增加一些新功能，如带MP3、红外、上网和摄像头等，其目的是刺激消费者淘汰现有手机选用新手机。事实上，手机的主要功能是通话功能和短信服务功能，但是，各个品牌的手机设计师们都在通过设计新的造型、新的功能来刺激消费者，让他们意识到自己新的需求，从而产生新的购买动机。

3.3.1　异化心理

异化心理多见于青年人，青年人思维活跃，热情奔放，富于幻想，容易接受新事物，表现为追求新颖与时尚，追求美的享受，喜欢代表潮流和富于时代精神的商品。从带破洞的牛仔裤到多个口袋的服装，从购买随身听、CD机到MP3、MP4(图3.26～图3.29)。这些产品仿佛都在一直标示着年轻人的勃勃生机和乐意引领时尚潮流的本性。年轻人常常是新产品的首批购买者和消费带头人，这也在很大程度上反映了年轻人朝气蓬勃的个性。

图 3.26　流行一时的 SONY 随身听　　　　图 3.27　便携式的 CD 机随身听

图 3.28　外形独特的 MP3

图 3.29　智能穿戴设备 iwatch

以年轻人为主要销售对象的产品，其更新换代速度较快也是为了满足年轻群体的求新、求变心理。调查表明，一种与自己的消费有关的新产品上市，有44.82%的青年选择立即购买该产品，这一比例大大高于其他年龄层的消费群体。在他们的带领下，逐渐影响到更多的消费者，从而成为一种时尚消费。青年人特别注重商品的品牌与档次。在购物时，虽然也要求产品性能好、价格要适中等，但对商品品牌要求已越来越高。曾有调查表明，49.2%的青年认为"要买就买最好的，要买就买名牌"。同时青年人对商品的品质要求提高，尤其对商品特色、档次、个性十分苛求，而对那些一般化的、"老面孔"的商品不感兴趣。在选择商品时，他们较少综合选择商品，而特别注重商品的品牌、外形、款式、颜色，只要直觉告诉他们商品是好的，可以满足其个人需要，就会产生积极的情感，迅速做出购买决策，实施购买行为。至于商品的内在质量到底好不好、价格是否偏高、是否会很快过时、是否超出原有的购买计划等问题却很少考虑。尤其是当理智因素与感情因素发生矛盾时，总是更注重感情因素。同样，当直觉告诉他某一商品不好，也会产生一种否定的情感而拒绝购买。总之，青年人购买活动中的情感色彩比较明显，而且其作用强度也比较大。在开发新产品时，可针对这一消费群体展开设计，让产品先在这一群体中得以推广后带动其他的消费群体。

3.3.2　炫耀心理

炫耀心理多见于功成名就、收入颇丰的高收入阶层，也见于其他收入阶层中的少数人，在他们看来，购物不光是适用、适中，还要表现个人的财力和欣赏水平。他们是消费者中的高端消费群。购买倾向于高档化、名贵化、复古化。上百万元乃至数百万元的轿车，昂贵的首饰(图3.30)等的生产正迎合了这一心理。

图 3.30 琳琅满目的卡地亚昂贵首饰

3.3.3 攀比心理

攀比，社会学家称之为"比照集团行为"。有这种行为的人，照搬他希望跻身其中的那个社会集团的习惯和生活方式。

3.3.4 从众心理

作为社会的人，总是生活在一定的社会圈子中，有一种希望与他应归属的圈子同步的趋向，不想落伍。受这种心理支配的消费者构成了后随消费者群，这是一个相当大的顾客群。研究表明，当某种消费品的家庭拥有率达到40%后，将会产生该消费品的消费热潮。比如电视机，20世纪80年代的家庭拥有率很低，随着生活水平的提高，拥有家庭的比例不断上升，现在电视机已成为最基本的家用电器。今天，电脑在中国城市已经得到了普及，而且，随着更多的人追求更薄更轻更便携的电脑，由此平板电脑也成为各行各业人士的口袋里不可或缺的产品，在不久的将来，更为人性化的智能交互穿戴设备将进一步满足用户的使用体验和情感动力，成为未来智能产品的新发展趋势。

3.3.5 崇外心理

崇外心理表现为盲目崇拜外国货，只要是舶来品就买。其实，这些人对品牌的认识比较肤浅，片面地认为国外的品牌比较好，而国内的品牌对他们来说缺乏吸引力和品位。跨洋而来的产品，比家门口的土货贵些似乎是理所当然的事情。但很多消费者不知道，他们所买的真正的洋品牌，其实有很多也是在中国制造的。

除了吸引力和品位以外，文化底蕴也是一个重要因素。中国号称文明古国，但在品牌的世界里，有文化底蕴的品牌却不多。但品牌不是一个可以一蹴而就的事物，它的成长需要时间。我国品牌在起点上比外国品牌晚了几十年甚至上百年，原因是一方面由于企业自身的原因，缺乏形成知名品牌的机制和条件，另一方面，还处于摸索阶段的品牌打造者也没有足够的文化力度去展现中国传统文化的威力，因此在外国品牌面前就显得浅薄、缺乏底蕴。而中国诚信机制的建立还有很长的路要走，这就导致消费者优先选择洋品牌。在食品、服装和其他一些行业，假冒知名品牌甚至是外国品牌的情况非常严重，这种仿冒的做法就是利用了崇外心理让消费者上当受骗。

"占领市场比苦练内功更重要。"社会在不断的发展，每个社会成员的发展性动机的目标指向，更加复杂与多样。对于设计者来说，设计动机是在生活和生产需要的基础上产生的，是客观的需要动机对设计思路的影响和支配，设计师不但要深入了解各种各样的发展性动机，而且要充分发挥设计的职能，推动与强化人类的发展与进步。在追求实现目标的过程中，将设计动机与发展性动机贯穿于人类社会活动中，不断激励社会的每个成员，促进社会的发展。

1．适应生理性动机

动机是需要的具体化。当人类实现动机的行为活动遇到困难时，首先想到如何破解困难，再来寻找克服困难的方法，因此产生了设计活动。

设计首先要适应人类的生理性动机，提供物质产品，满足每个人的生存需要。无论什么时候，人类的行为总是受到生物需要的制约和影响，同时有受生物需要而驱动的一面。生理性动机会驱使一个人的机体时刻以相应的行动维持体内的物质和能量的平衡。

随着生存环境与生活条件的改善，人类的生理性动机指向性越来越高，对物质产品的需求不仅有数量，而且有更高的质量上的要求，追求物质产品的品质与档次。因而，设计者的思路与动机要不断地进行调整，以适应人类不断提高的生理性动机需求。

2．关注社会性动机

每个人在人类社会化的进程中，都形成了社会性动机。社会性动机促使人们去认识客观世界，改造客观世界。贯穿于人际交往、生产活动及一切社会活动的设计活动，需要关注社会性动机并以其为社会指向，不断提供社会劳动的物质资料及生产工具，创造社会活动的条件与环境，不断丰富社会的物质需要和精神需要。

3．强化发展性动机

社会的多元化发展使每个社会成员发展性动机的目标指向更加复杂与多样。设计是一种动机导向活动，设计师不但要深入了解各种各样的发展性动机，同时要充分发挥设计职能，做出积极有效的引导和强化，推动人类发展与社会进步。在追求实现目标的过程中，将设计动机与发展性动机贯穿于人类社会活动中，不断激励社会的每个成员，促进社会和谐发展。

小结

人的行为持续人的一生，无论是产生持久的行为还是短暂的行为，究竟原因何在？人从事任何活动，总是由于他有从事这一活动的愿望。愿望是人对他的需要的一种体验形式，而动机则是满足这种体验形式的直接原因。动机是人的活动的推动者。它体现着所需要的客观事物对人的活动的激励作用，把人的活动引向一定的、满足他需要的具体目标。动机能引起、维持一个人的创造活动，所以动机产生了设计行为，动机心理是设计行为的直接原因。在设计心理研究中，需求心理的研究是建立在动机研究的理论之上的，动机心理成为设计心理的重要组成部分。设计的研究对象——人的多重属性决定了动机产生的多元性。关注人的生理性动机和社会性动机成为设计不可忽视的任务，也成为设计心理研究的重要领域。

习题

1．与生理性动机相比，社会性动机对于用户的行为有何影响？

2．商家是如何通过社会影响对行为的作用进行产品促销的？

3．针对具体产品作一次设计调查，并阐述用户使用动机和能力的关系。

4．分析可能构成用户购买动机的各个可能因素框架。

5．什么是无意识设计？试探讨一下你对无意识设计的理解。

第4章　人的知觉特性与设计

　　设计流程中，知觉应该始终参与其中，设计师在进行产品设计或分析产品时都应该考虑到受众的知觉特性，并把它作为评价设计项目成败的一个重要因素。物质世界是信息的集合体，无论是物与物、人与物，还是人与人之间的交流，都需要依赖信息的有效传递，而信息的有效传递离不开人的认知渠道，即人的知觉特性。

4.1 知觉概述

知觉作为人类认知世界的一个心理过程，无论在过去还是现在都不断地被不同领域的人们加以研究与利用。知觉与感觉不同，感觉(sensation)是指那些由简单孤立的实际刺激产生的某些立即的、直接的、定性的经验。它是人脑对直接作用于感觉器官上的客观事物的个别属性的反映，它所得到的信息，主要是滞留在感觉器官的感受器上的、未经整合的各种具体信息。如我们看见远处的物体，分辨出它的颜色是红色的，这是感觉。所谓知觉，从认知学的角度来看，它是人脑对客观事物的各种属性、各个部分及其相互关系的综合的、整体的反映，它通过感觉器官，把从环境中得到的各种信息，如光、声音、味道等转化为对物体、事件等的经验的过程。李乐山在其编著的《工业设计心理学》中指出，知觉是指外界环境经过感觉器官而被转变成为的对象、事件、声音、味道等方面的经验。从工业设计的角度出发，产品知觉就是受众在面对或使用产品时特定的心理体验，这种体验依靠视觉、听觉、触觉、嗅觉等这样的感觉器官得以实现。例如，刚才我们说分辨出颜色是感觉的结果，而这些颜色使我们产生了或紧张、或安详等的心理体验和情感体验，这就是知觉。

产品知觉研究的主要对象是人类认知世界时所进行的注意、理解、想象、思考等行为与心理历程。研究知觉的目的是让设计师了解受众的知觉特性，以便在产品开发中给予指导和帮助，使设计出来的产品符合受众的正常知觉特性，以求产品在市场中取得优势并最终为企业或个人产生经济效益。

知觉在产品设计中的重要作用主要体现在两个方面：

(1) 在设计的调查阶段，设计师需要了解使用者如何进行该产品的知觉体验，其中包括：

① 第一次注意该产品时的知觉体验。大量实践证明，人们在第一次接触到一种新产品时，总是首先被其颜色所吸引，其次才是它的形状、尺寸、质感等其他特性。这时就有可能在心里产生一些以往与此相似的经验或事物，或者美好或者丑陋，要使消费者能接受产品，就必然要加强在一般情况下能够唤起人们美好经验或事物的产品特质。

② 消费者在使用该产品时的知觉体验。设计师要努力使使用者在操作或使用产品时能产生一种愉悦舒适的心情，比如精致的加工，漂亮的色彩，富有动感的曲线，欢快的节奏感等都可以使操作过程成为一个充满快意的过程，这是设计师在设计产品时需要考虑的问题，这也是以人为本的精神的体现。

(2) 在设计阶段，设计师需要了解产品各方面因素(如形态、结构、功能、颜色、材质等)如何控制使用者的知觉体验。在认知心理学当中，目前已经发展了许多关于知觉的理论与经验，这些在设计时都具有较强的指导意义。

4.2 知觉主要理论及研究成果

知觉历来是心理学的一个重要研究领域。自认知心理学兴起之后，知觉的研究也一直处于重要的地位，并取得了显著成果。认知心理学目前对知觉的研究还是比较集中于模式识别问题，并形成了一些重要的研究模型。

4.2.1 格式塔心理学

"格式塔"是德文gestalt的译音，其含义是整体，或称"完形"，20世纪初产生于德国，主张知觉高于感觉总和，强调经验和行为的整体性。格式塔心理学明确指出，构造主义把心理活动分割成一个个独立的元素进行研究并不合理，因为人对事物的认识具有整体性，心理、意识不等于感觉元素的机械总和。格式塔心理学着重在知觉的层次上研究人如何认识事物。最重要的格式塔原理如下：

（1）主体/背景原则：视觉样式中所呈现的"图形"和"基底之间"的关系，即当人观察事物时，事物的一部分成为知觉对象，其余成为背景。知觉对象轮廓鲜明，通常离观看者较近，背景则模糊而较远。两者相互作用，并可以相互转化，形成新的图底关系。图底关系是一种组织关系，即在不同的组织因素中，图形能够从背景中显现出来，图形与背景各自分离从而形成整体的视觉样式，如图4.1所示，主体和背景随着我们的注意力转换而交替变化。可能看到的是两个相对的人头剪影，也可能看到的是白色瓷器。

图 4.1 主体 / 背景原则图例

（2）邻近原则：图形在空间上比较接近的部分易被看作一个整体，如图4.2所示。

（3）相似原则：如果其他因素相同，那么相似的图形容易被看作一个整体，如图4.3所示。

  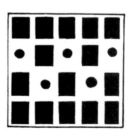 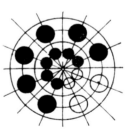

图 4.2 临近原则图例　　　　　　　图 4.3 相似原则图例

（4）连续原则：视知觉倾向于感知连续的形式而不是离散的碎片，因为视觉系统感知物体倾向于关系大于元素。人类视知觉倾向于看到连续的形式，必要时甚至会填补遗漏，如图4.4所示。在图4.4（a）图中我们看到的是白色的球体上长满了锥形的刺，而不是一些排列无序的圆锥形；在图4.4（b）图中看到的是一条蛇形的曲线，而不是一条蛇形曲线的三段。

(a)   (b)

图4.4　连续原则图例

（5）封闭原则：视觉系统自动尝试将敞开的图形关闭起来，一个新封闭的图形易被看作一个整体，如图4.5所示。在图4.5（a）图中分散的线段感知为一个完整的三角形，在图4.5（b）图中的形状感知为两个白色的封闭正方形。

（6）完美趋向原则：杂乱的图形，可以从对称、简单、稳定和有意义等审美观点出发，将其看作更完美的图形，如图4.6所示。

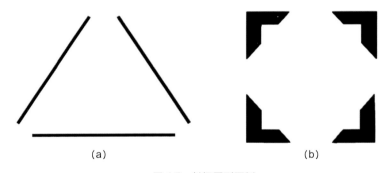

(a)   (b)

图4.5　封闭原则图例

图4.6　完美趋向原则图例

4.2.2 赫尔曼·冯·赫尔姆霍兹的知觉心理学理论

赫尔姆霍兹强调智力加工在神经系统中能起到兴奋和刺激的作用，因此，知觉是一个归纳的过程。他将知觉划分为分析与整合两个阶段，前者是感觉的形成，后者是知觉的形成。知觉通过自身感觉对外界信息加以整合，并在心理上形成经验、情感、理解、意志等体验。

4.2.3 冯特的实验心理学

冯特是德国著名的哲学家、物理学家和心理学家、科学心理学的创始人、实验心理学之父。奠定了构造主义心理学的理论基础。冯特1879年建立了第一个正式的心理实验室，他主要通过实验法对心理感官方面进行生理研究。他开创了以实验为基础的心理学研究方法，并主张进行科学的实验研究方法。

冯特的心理学体系是个体心理学和民族心理学的统一体，主要包括两个方面：①以个人意识过程为对象的个体心理学，即实验心理学；②以人类共同生活为基础的高级精神过程为对象的民族心理学，即社会心理学。虽然冯特本人认为以人文科学定向的民族心理学是和个体心理学同等重要的一个研究领域，但是实际上，就其心理学体系及其对以后心理学史发展的影响而言，更重要的是他的以自然科学定向的个体心理学体系。

冯特及其实验心理学研究方法不仅使心理学成为一门独立的学科，同时创立了一种全新的实验心理学研究方法，具有划时代的意义，使心理学研究从此真正步入了科学研究的领域。

4.3 知觉特性的要素

知觉是在刺激直接作用于感官的条件下产生的，是将感觉信息组成有意义的对象，也就是说，在已储存的知识经验的参与下，直觉通过感觉信息来把握刺激的意义。另外，知觉信息是较为抽象的，表现出一定的直接或是间接的特性。

4.3.1 通用特性

1. 知觉的选择性

我们在感知客体时，总是不能同等地反映来自客体的信息，而是有选择地把握其中的某些部分，这便是知觉的选择性。知觉的选择性主要表现为以下三个方面：

首先，知觉选择性体现在感知物体时的注意上。我们对一个对象的感知虽然具有整体性，但并不可能在同一时间内同样清晰地把握它的全部，而总是在知觉对象整体这一背景上，有选择地反映一部分，而抛开其余部分。这说明，知觉总是一种析出性的把握，在感知范围内，注意力把意识活动指向或集中于某一中心，使这一中心在感知中特别清晰，而把其余部分作为背景或置于意识的边缘而显得比较模糊，这便从主观上影响了知觉的建构。感知活动中对物体的注意往往是知觉活动的开端，并且直接与知觉建构的顺序相关。如图4.7所示，如果我们把注意力首先集中于画面的右边，我们看到的是一艘艘的帆船；如果我们把注意力转向画面的左边，我们看到的是一座宏伟的长桥。

图 4.7　知觉与注意

其次，知觉的选择性还表现在主体的兴趣上。兴趣是一种带有情绪色彩的心理倾向。在知觉中，外界信息通过感觉接受器储存于短时记忆中，但当对接受信息进行知觉分析或知觉建构时，主体总是根据自己的目的和需要选择那些自己感兴趣的事物，这便使知觉建构的对象发生变化。正如鲁迅先生所说："《红楼梦》是中国许多人所知道……单是命意，就因读者的眼光而有种种：经学家看见《易》，道学家看见淫，才子看见缠绵，革命家看见排满，流言家看见宫闱秘事……"这种在艺术欣赏中仁者见仁、智者见智的现象，便体现了兴趣的选择性。

再次，知觉的选择性还表现在记忆上。现代认知心理学认为，人的记忆系统由感觉记忆、短时记忆和长时记忆三部分构成。外界的刺激经过感官首先把信息储存于感觉寄存器中，此即感觉记忆。然后，人的信息加工系统从长时记忆中提取信息对感觉记忆中的信息进行匹配和模式识别，刺激信息便转入短时记忆中，经过强化之后再转入长时记忆。但信息在记忆系统中的储存会随着时间增长而逐渐减弱，乃至遗忘。如感觉寄存器的记忆大约在1秒钟左右，短时记忆的时间在1分钟左右，长时记忆也会因时间的流逝而衰变，并由于信息提取或检索中的障碍而使过去的信息回忆不起来。正是由于记忆的衰变性，使得进入知觉建构的信息发生了过滤或记忆选择，从而产生不同的知觉认识。

2．知觉的整体性

知觉的对象由不同的部分、不同的属性组所成。当它们对人发生作用时，是分别作用或者先后作用于人的感觉器官的。但人并不是孤立地反映这些部分或属性，而是把它们有机地结合成一个整体来知觉。

刺激物的性质、特点和知觉主体的经验是影响知觉整体性的两个重要因素。一般来说，刺激物关键部位的性质、特点在知觉的整体性中起着决定作用，而其他部分就被隔置一边，成为主体易忽视的部分。相对于某些并不是很强的刺激信息，因个人的生活实践与其密切相关，这些信息也可能影响到主体知觉的整体性。

3．知觉的理解性

人在感知当前的事物时，总是借助于以往的知识经验来理解它们，并用词标示出来。

在人的脑海里存在着大量的知觉经验，人在认知世界时总是不断地进行着抽象、概括、分析、判断等过程，直到对象转化为人的知觉概念。主体在接受到来自外界的刺激信息时，总是先将这些刺激信息的组成部分进行分析，并将刺激信息的突出特征同主体以往的记忆、经验进行比较，最后做出适合于个体的知觉判断，而这种判断是能够被主体理解的有意义的信息整合。例如听一首歌，如果是你会唱的，才放一个片段就可以知道是哪首歌，并预料出后面的旋律。同时，对歌曲的熟悉程度决定了你能知觉出这首歌所需的片段的长度。另外，知觉的理解性还表现在知觉引导方面，当由于客体给出的信息不足或信息过于复杂时，主体的知觉会受到外界引导信息的干涉。比如，在看一幅抽象的绘画作品时，人们总是会去想象画中之物像什么东西，如果有人对你说它像什么，你的知觉便会被引导朝这个方向发展，最后的结果就是知觉的同化。又如，一块像小狗的石头，也许开始你会看不出来，但如果有人提醒，就会越看越像。

4．知觉的恒常性

当知觉的对象在一定范围内发生了变化，知觉映像仍然保持相对不变。比如，人对色彩的知觉敏感性不强，我们微微改变颜色的某个要素，如色相、明度、饱和度，单独去看每一种颜色时，发现不了颜色发生了变化，只有在前后的反复比较中才能鉴定出来。这里有一个概念需要了解，即变量阈值，如果信息变量不超过这个极限阈值，仅凭我们的感觉器官是不能发现刺激信息的变化的。

4.3.2　视知觉的特性

视知觉是一种复杂的心理现象，受到社会文化与个人经验的影响，它包括形态知觉、空间知觉、颜色与光知觉、质料知觉、错觉等因素。视知觉心理不是理性层次上的思维活动，不是理性逻辑的比较、推理与判断，它是在直觉领域(包括潜意识领域)内的、有选择的、主动的知觉反应，这种反应导致一种直觉的判断，是产生于纯粹理性判断之前的导致某种心理倾向或取舍抉择的过程。正是这种知觉心理模式，使得设计可以凭借其精心创意与引导对消费意识产生积极的影响。但产品形态的造型设计与纯艺术创作不同。纯艺术的表现，从创作一端到接受一端主要都在感性领域内交流和沟通。而在产品的生产与消费之间，基本上只存在着理性的选择与比较关系，这个基本的模式已经决定了产品设计与艺术表现在心理活动区域上的差别。换言之，即使设计师通过艺术劳动在产品的生产与消费之间增加了感性选择的成分和因素，但生产者(包括设计者)的主导动机必然出自理性因素，而消费者的感性或直觉心理最终也要通过理性的闸门。

就产品设计而言，产品设计的创造与被接受实质上是一种从严峻的心理对立开始转化为认同或者排斥的非此即彼的过程。设计师要想自己设计出来的产品成功介入到人们的生活中，最重要的因素就是要让消费者从心理上接受它，这并不容易。其一，因为现在的产品模式已经在大众心理上形成一种比较稳固的知觉习惯，设计师要想通过一种新的产品模式来取代原来的知觉习惯，则精神上的需要越来越成为引导人们消费的关键因素。其二，市场上的产品种类繁多，技术的发展使得产品开发周期越来越短，导致新产品层出不穷。要人们选择你的产品，首先是要让消费者产生对产品的好感，吸引消费者的视线，就要充分运用产品的外观形态，在人们心理上形成好的关于产品的直觉的印象。

1．形态对知觉特性的影响

世间万物都以其各自的形态而存在，工业产品也是如此。无穷多的产品令人眼花缭乱，但并不是所有的产品都是美的和被人们接受的。产品的不同形态给人不同的直觉体念，设计师的任务就是要尽量设计出不但满足实用性而且能被大众接受的美的产品。

形态是什么？通常我们说是事物的外部轮廓。形态的构成元素有点、线、面、体等，点的移动轨迹形成线，线的移动轨迹形成面，面的移动轨迹形成体。著名的艺术大师康定斯基把世界上的事物全部看成是由点、线、面构成的，并在其绘画作品中用大量的点线面来体现他的这一观点。

为了便于研究，我们将事物的形态分成二维和三维形态以说明产品与人的关系，以及与使用环境之间的关系。

1）二维形态与视觉传达设计

二维形态按作品元素的主要线型可分为直线型与曲线型。直线型的图形的特点是直、没有弧度、棱角分明，这些直线的特点可以和人的某些性格特征相似，比如坦率、果断、刚强、力量、爱憎分明、高效率等，此外，它还可以象征迅速、坚硬等。在这样一种类比的情况下，这种图形就被人赋予了一种情感色彩，从某种意义上说代表着男性。于是设计师在进行设计活动时，会考虑到人们在生活中形成的经验或想象，使得作品的形式符合人们的情感要求，不违背常理。举个例子，设计一辆载重汽车，设计师多会考虑使用直线作为其外部的形态特征，以此"显示"其巨大的力量，并与大众的心理、情绪相呼应，才能被大众所接受。曲线型图形的特点刚好与直线型相反，弯曲、光滑，这些特点就象征着女性的柔美、节奏、韵律、含蓄、性感等。水平线与垂直线构成的形状，按视觉经验，直线虽在视觉上无障碍，但由直线构成的平面则平淡无味，无情感联想，构成边缘的直角容易造成视觉的抵触，心理有抗拒感。直线与弧线的组合形态，可以中和抵抗力，但如果曲弧线过分夸张，同样也会使视觉产生抵抗力，产生抗拒心理而影响到美感情绪，因此要注重弧面与直线组合的视觉合理性，消除视觉抵抗力点，创造符合视觉心理需求的形状，才容易激发美感和情感的产生。

二维形态作品按作品元素的组织方式可分为密集型与离散型。密集型图形的特点是集中、凌乱、相通，通常用来表现烦躁、团结等意义。离散型的图形特点是构图元素被分散处理，一般用来象征宁静、悠然、散乱等特征。当然，并不是所有的产品都要进行这样的考虑，这就需要设计人员在实践中积累经验，某些相当出色的作品，其线型可能同时含有曲线和直线的造型。一般情况下，二维图形都是几个类型相互交叉的，在设计中要加以合理应用，在满足产品的功能的同时，提升产品的亲和力。

（1）首先，视觉传达设计主要应用于书籍封面、广告、产品表面、标志、交通等方面，主要功能就是向大众传递信息。不同类型的平面设计取材有着一定的区别，传递信息的内容不同并且目标受众也不同。以下是一组香港著名设计师陈幼坚先生的平面设计作品。陈幼坚先生深爱中国传统文化，同时善于融合西方美学和东方文化，通过在平面设计中合理运用具有文化语意的形态，使东西文化在他的设计理念中更为合理地融合在一起。

图4.8所示为陈幼坚先生为东京新宿的一家名为"茶语"的茶馆设计的标志，通过使用东方传统茶具的剪影与汉字元素巧妙组合，让人从该形态中产生知觉联想，轻易地使受

众感受到设计者的用意, 这就说明作品是否成功与人的知觉经验联系是非常紧密的。

图4.9所示为陈幼坚先生2010年更新设计的"香港品牌"新形象标志, 在香港已经全面投入使用, 陈幼坚先生解释更新设计时提出, 由原先标志的飞龙延伸出来的蓝、绿彩带, 分别代表蓝天绿地和可持续发展的环境, 红色彩带则勾画出狮子山山脊线, 象征香港人"我做得到"的拼搏精神, 陈幼坚先生准确地利用视觉元素表达了香港作为国际化都市呈现在世界面前的新形象。

图 4.8 陈幼坚作品: 图形元素使人产生知觉联想　　　图 4.9 陈幼坚作品: 2010 香港品牌新形象

图4.10所示为陈幼坚先生设计的香港国际机场的标志, 淡蓝色的几道弧线穿越于白色图底中, 让人联想到仿佛云朵上飞机翱翔时留下的痕迹, 弧线的节奏似其渐行渐远, 最终与天际线融在一处。不过, 仔细对照香港国际机场的建筑物, 又可以看出, 设计师巧妙地将建筑弧线形的屋顶作为标志设计的主要视觉元素, 实体的蓝色既可以看作单纯的弧线, 又可以与虚空中的白色构成叠加的建筑屋檐的图案, 给人丰富的知觉联想。

图 4.10 陈幼坚作品: 香港国际机场标志

通过上面几个例子, 我们可以看出设计师利用用户非常熟悉的元素来进行创作, 然后经过艺术的处理, 使其变得美观, 易于接受, 再通过知觉的联觉, 让观众自己也参与到作品中, 去发掘作品的真正意义。

(2) 其次, 在视觉传达设计中, 设计作品构成元素的组合方式有重复、近似、渐变、发射、变异、对比等几种形式。物体表面的纹理称为肌理。我们可以通过机械方法(抛光、面磨、磨砂等)、化学方法(试剂、印染、喷涂等)、数学组合方法(拼贴、排列等)来获得不同的肌理效果。设计师在使用这些形式来创作作品时，必须要遵循的一个总的原则，即平衡、和谐、简洁。这些规律，之所以要使作品符合这些基本规律，本质就是为了符合人们认知世界的知觉习惯。

图4.11所示为著名艺术家霍华德·霍奇金(Howard Hodgkin)设计的2012年伦敦奥运会官方海报《游泳》，利用类似水粉画肌理的抽象线条，配合具有动感的线条节奏和色彩表现出游泳项目特有的竞技氛围，整个构图均衡、生动，感染力极强。艺术家以游泳运动的动感特色为创作出发点，通过自己的抽象化造型语言，一定程度的将设计性的海报艺术化，凸显主题的明确性。

图4.12所示为2012年伦敦奥运会的另一张官方海报，是由英国著名艺术家马丁·克雷德(Martin Creed)设计的《第1273号作品》。相比之下该海报设计元素较为具象，理念始于设计师以前的一组作品，以奥运精神和主旨为创作的出发点，通过对代表奥运的5种颜色线条进行处理，让线条依次叠加看起来就像一个领奖台，突出了向上、进取的奥运精神，同时线条采用了一种接近手绘的肌理来表达设计师自己的艺术语言，整个构图十分简洁，但虚实结合的表现手法，使作品具有了个性化的艺术性，象征英国艺术与体育的融汇。

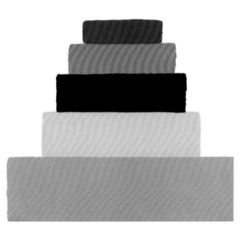

图 4.11　伦敦奥运会官方海报一　　　　图 4.12　伦敦奥运会官方海报二

图4.13展示的设计作品要表现的主题是城市的迅猛发展与人类的生存空间的矛盾。作者通过一种地球上城市发展像刺一样使月亮残缺的夸张手法，暗示未来生态被破坏的后果。作品中观众感觉到的是一种震撼和恐惧，以此在观众心理上形成一种张力，提醒人类爱护自然环境、保护生存空间。而这幅作品的情感基调正是应和了观众的心理感受，使观众大受感染。图4.14和图4.15有一个共同的特点，它们都是从一个特定的视角来进行主题表现的，这样很容易抓住观众的眼睛，让观众产生兴趣，在画面元素运用中体现了平衡、和谐、简洁的原则，但其信息又表现得非常明确，使人一目了然，也无需多做文字来进行说明。图4.14所示为设计师西娅·汉密尔顿(Anthea Hamilton)设计的伦敦奥运会官方海报《花样游泳》。设计中抓住项目特色形象地反映了花样游泳的形式美感。图4.15所示为奥斯卡官方宣传海报。海报由奥斯卡小金人和8部代表不同年代的奥斯卡获奖影片画面组成，主题非常明确。

图 4.13　城市和谐发展公益海报　　　　图 4.14　伦敦奥运会官方海报　　　　图 4.15　第 84 届奥斯卡官方海报

（3）视觉传达设计与使用环境的和谐的最好体现是在装饰性平面作品中。用于不同的环境中的设计作品，作品的内容不同、色彩冷暖不同、形态结构不同。图4.16所示为一幢建筑物的外墙壁画，以此来美化城市，为城市增加亮点。很明显，这幅画起到了非常好的作用，它能够很好地融入周围环境中，变得和谐统一。图4.17中的地板与桌布，采用方格子的冷色系列图案能够起到平缓人们心理情绪的作用，使人一进入咖啡厅就立刻将城市中的喧闹抛于脑后，可以真切地去体验一份心理上的宁静，完全把这里当成一个极舒适的休息场所。

优秀的视觉传达设计作品不胜枚举，这就要求设计师必须以作品独特的视角、极富个性的表现来实现广而告之的目的，在观众心里留下深刻的印象。这些个性的表达往往通过图形、色彩的综合构成，或形成鲜明的对比，或形成奇异的形象，或形成幽默的比喻等，这些富有个性色彩的图形设计主要是利用大众对新事物的好奇心、求知欲来实现。认知心理学表明，人具有求知的愿望，好奇是人的本性。设计师的任务十分艰巨，要使观众在驻足的一瞬间，在注意或者无意中看见一幅作品的时候，就能深刻地理解作品的主题思想。

图 4.16　设计作品与使用环境的和谐　　　　图 4.17　设计作品平缓人们的心理情绪

2) 三维形态与产品设计

工业设计涵盖视觉传达设计，但工业产品有独立于平面作品的特质。一般来说，工业产品的形态可分为规则型与不规则型，按线型可分成硬线型和软线型。像方体、锥体、球体、柱体等，其中有些既属于规则型又属于硬线型，它们结构稳妥、有序，通常显得简洁、稳定、牢固、平衡、力量，但是不免有些呆滞、古板、平庸；不规则型即它们的形态没有规律，千变万化，因此比起规则型来说，它们体现创新、变化，却隐藏着不平稳、危机、矛盾等心理情绪。而软线型的产品则表现得柔美、性感、活跃、情趣、安全，特别具有亲和力，能够拉近与使用者之间的距离。这些形态都具有不同的心理特质，设计人员要根据不同的产品要求进行造型，注意结合使用，组织设计元素，才能满足大众的心理需求，设计出来的产品才能吸引住消费者。

(1)家电行业。高端产品形态流行极简风格，中低端产品流行曲线温和色彩可爱的样式，体现一些趣味性。例如，图4.18所示为LG 77EG9900液晶显示器设计。该设计荣获2015年红点设计大奖，其机身不但轻巧超薄，灵活可弯曲，而且显示器弯曲的过程本身肉眼是几乎不可见的。由于它只有9mm宽的窄边框，OLED显示器的壳体在施加很小的力的情况下就可以弯曲或变平。外形采用最简洁的装饰及规则的矩形造型，让观众直接感触到一种高科技的简洁之美。整个正面的内外矩形恰似一幅装裱过后的绘画作品，让观众在能在一种艺术的意境中去欣赏一种"流动的图画"。所谓以人为本，就是要让产品去适应人，不仅仅是生理尺度上的适应，更是心理上的适应。当今，产品微微透射出来高科技的精致与冷静正好印证了受众的心理情绪，使用者要的就是这种"冷酷"之美。

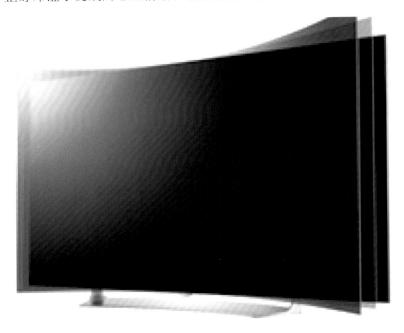

图 4.18　2015 年红点奖获奖设计。LG 77EG9900 液晶显示器

(2) 保健产品领域。保健器材的形态设计，要体现柔和的设计感觉，才能给人以温暖的适用感，一般体现在形态的柔和线条以及材质的温和质感上，如图4.19所示。

图 4.19 具有柔和线条的按摩器能给人温暖的适用感

（3）电动工具行业。机械感、功能感、信赖感是主要诉求，安全、适用是重点，因此机械感、功能感的形态和鲜艳的具有提醒效果的色彩都是常用的。

图4.20所示为木马设计为仪华电子设计的系列万用表外形，产品分为小型、中型和大型。在形态设计中，小型表比较廉价，它的形象应该走时尚、比较可爱的这种概念，所以形态采用看似相对比较柔和的曲线。中型表是一个主流的产品，它传达的概念应该是既有技术的感觉又有新设计的感觉，因此中型表采用的是包裹的数字化的一个形态语言，即两边是黑色中间是橙色的产品特征。包裹的形象一是比较适合抓握；二是由于电表是一个安全的产品，怕漏电，所以包裹的形态可以做到这样一个心理暗示。大型表是一个专业的技术的形象，它销量不大但是售价相对比较高，因此造型特征是相对比较结实但是又保留了中型表和小型表的特点，体现厚重、价值感的产品特征。所以可以做到既是系列化的又是有性格的。此系列产品获得了行业和学术上的认可，获得了IF设计大奖和中国国际博览会工业设计社会组创新奖等设计大奖。

图 4.20 仪华系列万用表设计

（4）家具行业。讲究个性化形态的同时，关注设计的标准化形态，以适应于运输及批量生产。

图4.21所示为2011年红点奖作品Wogg 50椅。这款椅子造型轻巧，可以堆叠，便于运输。Wogg 50椅的造型设计非常简单明了，该椅的椅面从4个边缘部分进行弯曲，并在各个适当的部分将其靠背和椅腿包拢起来，座椅曲线向下，四侧容纳四腿和靠背两侧。铸膜形成的胶合板材料使整件作品显得简约而时尚。图4.22所示的阁楼椅是2011年红点奖另一获奖作品，椅子用硬朗的直线模仿出阁楼的线条，就如设计师提到的，阁楼椅是现代设计技术结合古老建筑技术的成果。

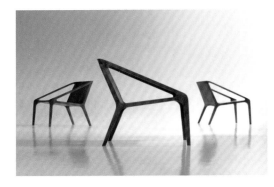

图 4.21　Wogg 50 椅　　　　　　　　　　　图 4.22　阁楼椅

（5）数码电子行业。技术型产品以极简、个性与凸显高技术风格为主，非技术型产品以凸现产品情感化形态设计为主。

图4.23所示为香港著名设计师叶智荣先生的著名设计"寿司计算器"，设计小巧美观，采用了绚丽的色彩。在设计这款计算器时，叶智荣先生的概念是设计一件具有柔软线条的电子产品，打破电子产品向来盒子配螺丝硬邦邦的既定框框，使其具有亲和的情感性。这个能够卷起来的计算器展开来是一个方便实用的计算器，卷起来像一个寿司，方便携带又不占过大的空间，同时形态及色彩的使用让人能感受到产品的亲和力。这款创意独特的"寿司计算器"已成为伦敦设计博物馆、日本燕山科研中心、韩国设计中心、香港文化博物馆的永久收藏品。

图 4.23　叶智荣设计的"寿司计算器"

产品不仅要具备物理机能，还应该能够向使用者揭示或暗示出如何操作使用，同时产品应该具有象征意义，能够构成人们生活当中的象征环境，这就是形态的语意诉求。产品语意学的诞生正是在于通过产品外在视觉形态的设计揭示或暗示产品的内部结构，指示产品功能模块，使产品功能明确化，使人机界面单纯、易于理解，引导使用者进行正确操作，从而解除使用者对于产品操作上的理解困惑，以更加明确的视觉形象和更具有象征意义的形态设计，满足使用者心理诉求，传达给使用者更多的文化内涵，从而达到人、机、环境的和谐统一。

图 4.24　双手无线遥控装置的设计

　　图4.24所示为一款双手无线遥控装置的设计作品，根据我们的日常操作习惯，双手将其握住，大拇指平放于左右两个圆形的按钮区，在操作过程中，中间的显示屏会发出指示信息，然后按提示进行操作。设计人员将两边手持部分设计成黑色的磨砂表面，一是为了防滑；二是为使用者提供知觉引导，将手持部分予以突出。在形态方面它主要有几个方面的作用：用产品的外观形态尽可能地为使用者展示出产品的内部结构、运作方式，使产品与使用者保持亲近；产品的形态应该可以引导或指示使用者进行正确的操作；在不同的使用场合，最大限度地满足使用者的心理诉求。

　　充满情趣的电子产品能够极大地满足现代人的情感诉求。电子元件于人是冷漠的，甚至令人不适，但设计师有责任将这些冷漠的电子元件、器材转化成大众喜爱的产品。设计师需要使用包装技能。这里所谓的产品包装，不是指在产品出厂时用于保护产品的外在设施，而是属于产品本身所有，共同实现产品功能的装置部件。图4.25所示为一件具有交互功能的便槽概念设计。该设计利用电子传感技术使人在小便的同时便槽会相应出现植物生长的图像，目的在于提高情感体验。其趣味性通过运用交互技术和小便器这种简单的形态，对人们的情感需要投入更大的关注，以便现代人能够回想起他们原本的生活状态。充满情趣的产品可以提供功能和服务，不是简单的美化和装饰，而是更贴近人的情感，满足生活和多样性的需要。

图 4.25　具有交互功能的便槽设计

　　性别在产品设计中也会作为一个重要的方面来考虑，这是因为男女在知觉外界事物时表现出不同的喜好，女性多喜欢曲美、柔美、色泽艳丽、装饰性强的事物，而男性则表现出对沉稳、安静、刚健、气势更为敏感。从对颜色的喜好中也可以看出，女人多喜好鲜艳的颜色，而男人多喜好素雅的颜色。图4.26所示为华为集团自主设计研发的一款智能手表。和大多数的智能手表外观不同，该设计采用了较为传统的男士腕表造型，大的弧面与硬的分型线形成鲜明的对比，造就出男人般的品性。机身上的每一个智能部件似乎都与整个手表有着密切的联系，其形状、大小、位置都达到了最佳的组合，完美体现了产品的高贵和气派、充满了阳刚之气。它的智能功能很强大，非常适合成熟男士佩戴。

图 4.26　华为 WATCH 智能手表

图4.27是由俄罗斯设计师Ilshat Garipov设计的不倒翁音箱，整个音箱看上去就像是一个大大的白色鸡蛋壳，只在顶部露出一小块橙色蛋黄。可通过蓝牙与电脑及其他设备进行连接使用，非常方便，少了线路布置的烦扰，同时当音乐响起时，音箱会伴随着不同的节奏晃动，非常有趣。在使用过程中，产品与人之间能形成一种无声的交流，设计师要想办法使产品与使用者之间产生一种无形的交流，才能真正地打动消费者的心。

图 4.27　俄罗斯设计师 Ilshat Garipov 设计的不倒翁音箱 (Sound Eggs)

2．颜色对知觉特性的影响

我们长期生活在一个色彩的世界里，色彩在人们的社会生产和生活中具有十分重要的意义，在建筑、城市规划、化工、汽车制造、家电产品、家具、服装、商品、医疗设备等领域有着广泛的应用。色彩能减轻疲劳，给人带来兴奋、愉快、舒适，提高工作效率。一个正常人从外界接收信息的90%都是来自于视觉，而在视觉认知过程中最为重要的因素是色彩。人类对色彩的反映是一种天性，根据实验心理学的研究，当婴儿在2~6个月中，就有了色觉。出生后12个月，似乎对所有的色彩都有了感觉。色觉的成熟期是10岁左右，15~20岁是一生中辨色力的黄金时代。

人们对色彩的偏好受年龄、性别、种族、地区的影响，同时也受文化修养和生活经历的影响。有资料表明，美国大学生偏爱白、红、黄三色；英国人对色彩的爱好程度顺序是青、绿、红、黄、黑；红色在中国象征喜庆、热闹、幸福等，是传统的节日颜色；绿色在信奉伊斯兰教的国家里最受欢迎，象征着生命；而在某些西方国家里，绿色却含有嫉妒的意思；黄色在中国封建社会里被帝王所专用，但黄色在基督教里被认为是叛徒犹大衣服的颜色，是卑劣可耻的象征；而在伊斯兰教看来，黄色则是死亡的象征。有些色彩学家认为，色彩心理与地区也有关。处于南半球的人容易接受自然的变化，喜欢强烈的鲜明色；处于北半球的人对自然的变化比较迟钝，喜欢柔和的色调。

1) 色彩心理作用效果

色彩心理是客观世界的主观反映，不同波长的光作用于人的视觉器官以后，产生色感的同时，大脑必然产生某种情感的心理活力，色彩心理与色彩生理是同时进行的，它们之间既互相联系又互相制约。在红色环境中，由于红色刺激性强，使人血脉加强，血压升高，物理温度虽然正常，却感到发热。长时间的红光刺激，会使人心理上产生烦躁不安，生理上需求绿色来补充，达到生理与心理上的平衡。根据实验心理学的研究，色彩在人们生理和心理上形成的色彩感觉有许多共同点：

(1) 色的冷暖感。红、橙、黄色使人联想到太阳、火焰，因此，这几种色彩有温暖的感觉；蓝、青色常使人想到天空、大海、冰雾的阴影，因此有寒冷的感觉。靠近红色调的都有暖感，靠近蓝色调的都有冷感。色彩的纯度越高越有暖感，纯度越低越有冷感，无色系里的白为冷感，黑为暖感，灰为中性。炎热的夏季，冷饮店的门前装饰都用白色或淡蓝色，显得清洁凉爽，以吸引顾客，如图4.28所示。

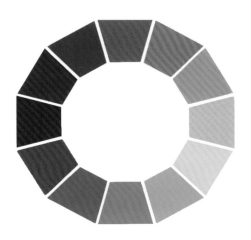

图 4.28　色的冷暖感

（2）色的轻重感。颜色的明度不同，给人的轻重感也不同，如图4.29所示。这是因为人们总是联想到轻盈的云彩、白色的泡沫等生活中常遇到的事物，在这样一种类比的心理作用下，心理就会感觉明度高的物体其密度就小，有一个著名的搬箱子的例子，如果把一种完全相同的箱子外表涂上不同明度的色彩，人们会感觉明度较高的箱子比明度低的箱子轻，工人的工作效率也会呈现出不同的结果，明度高的效率要明显高些。在公共汽车的车身色彩设计上，通常把车身的下部涂以明度较低的色彩，以此使得公众感觉公车车身的重心位于车身的中下部，增加公众在心理上的安全感。

图 4.29　色的轻重感

（3）色的膨胀收缩感。由于光的波长不同，在视网膜上形成的影像清晰程度也不同。波长较长的暖色系在视网膜上的影像具有扩散性，影像模糊，所以暖色具有膨胀感；而冷色波长较短，影像清晰，有收缩感。同样大的一块红色与蓝色，感觉红色的面积要比蓝色的大。色彩的膨胀收缩感还与明度有关。明度高的显得膨胀，明度低的显得收缩。在女生服装的设计中，往往黑色系的服装具有明显的收缩感。白色系的服装具有明显的膨胀感。许多较胖的女生喜欢穿黑色的衣服，可能并不是因为她真喜欢黑色，而是黑色能使她看起来更加苗条。

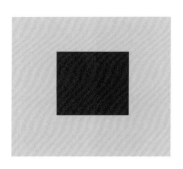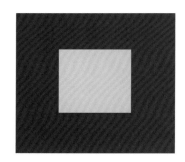

图 4.30　色的膨胀收缩感

（4）色的软硬感。颜色的软硬感主要与明度有关，通常明度较高的显得软，明度较低则显得硬。色的软硬感还与其纯度有关，乳白色是一种明显的软色，而纯白色是就是一种硬色。

（5）色的明快与忧郁感。明亮而鲜艳的颜色使人们感到明快，暗而混沌的颜色使人感到忧郁。纯度底的色显得忧郁，随着纯度的提高会显得明快活泼，尤其是纯色具有强烈的明快感。节日的装饰多用纯色，以此突现出明快的氛围，如在中国节日期间使用纯度极高的大红色来表达喜庆。儿童的服装多用纯色，以此突现活泼。如英国泰晤士河的甫拉克符拉亚斯桥，该桥的栏杆曾是阴郁的黑色，有一种诱人自戮的气氛，是著名的自杀场所。后来官方将桥栏杆换成了浅绿色，据说后来自杀的人数减少了2/3。

(6) 色的兴奋与恬静感。色彩的兴奋与恬静与色彩的明度、色相、纯度都有关系，特别是纯度的影响非常大。在色相方面，偏红、橙的暖色系能给人以兴奋感，偏蓝、青的冷色系能给人以恬静感。在明度方面，明度高的给人以兴奋感，明度低的给人以恬静感。在纯度方面，纯度高的给人以兴奋感，纯度低的给人以恬静感。在医院的色彩设计上，应该尽量使用能让病人产生宁静感的色彩。如蓝色、绿色等。在一些娱乐场所的色彩应用上，则应多用能使人感到兴奋的色彩，如红色、橙色、黄色等。

(7) 色的华丽和质朴感。色彩的华丽与质朴感受纯度的影响最大，其次是明度，再次是色相。凡是鲜艳而明亮的颜色都有华丽感，在色相方面，红、红紫都能给人以华丽感，黄绿、蓝等具有质朴感。古代的宫殿中用了大量的黄色、红色，以满足皇戚贵族的虚荣心。

(8) 色的进退感。不同的色彩给人的距离感不同，纯度高、鲜艳的颜色感到近，而纯度低、混浊的颜色感到远。万绿丛中一点红，这一点红十分抢眼，让人感觉它是在逼迫你，而如果是万绿丛中一点蓝，就不会达到这种效果，因为蓝色给人的感觉是遥远，远离观众而去。通常，我们将具有前进感的颜色叫作前进色，具有后退感的颜色叫作后退色。

(9) 色的味觉感。美好的色彩总让我们联想到甜美的事物，容易引起我们的食欲，而产生甜美的味觉；脏乱的色彩总让我们联想到肮脏的东西，影响食欲，从而产生苦涩的味觉，如图4.31所示。实验心理学表明，甜的感觉是黄、白、乳白、桃红等；酸味的感觉是绿、蓝；苦味的感觉是黑、土黄、棕黑色等；辣味的感觉是辣椒的红色；涩味的感觉是褐灰色。

图 4.31　色的味觉感

色彩在产品设计中的应用主要是利用色彩的联想性。针对我们所要进行的设计项目，有目的地选择产品的颜色，并进行组织。要用色彩去描述产品的功能性，让消费者在选购产品时满足一种认知心理，从而提升产品在消费者心理的形象，达到让消费者最终选择本产品的目的。当然，对于不同的产品，其色彩的方案肯定不同。在具体的项目当中，需要考虑产品色彩与使用环境的关系、与人的关系以及产品本身的属性。

2) 机械设备的色彩设计

在机械设备的色彩设计中，应考虑设备将放置的环境，综合考虑加工物体、机械设

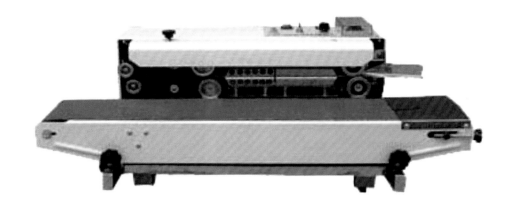

备、室内环境、操作者等几部分的内容。

(1) 对于体积比较笨重的机械设备，在进行色彩设计时，应尽量采用明度较高的亮色系来涂色，比如浅灰、浅绿、浅黄等，如图4.32所示，以此来减轻操作者心理上的沉重感和压抑感。

图 4.32　明度较高的亮色系

(2) 对于机器中的主要控制开关、制动、消防、配电、急救、启动、关闭、易燃、易爆等标志色彩的设计时，应用对比色来突现它们的位置及含义(图4.33)，并要求符合国家通用标准。这样便于操作者在工作中的知觉识别，提高工作效率，而且利于在紧急情况下及时、准确地排除故障，确保安全生产。

图 4.33　开关按键与主体色相区别

同时，为了避免眼睛因明暗不适应带来的误差和注意力的分散，在对机械设备的色彩设计中，还应该考虑操作台面、加工物以及室内环境的色彩调和、对比设计，在设计机械设备的操作台面及加工物的色彩时，两者应该保持一定的色彩对比度，以保证操作工人对加工物的视觉敏锐度和分辨力。

(3) 对于机械设备与室内空间环境色彩的配合，应根据加工方式的不同，在色彩设计时进行其色调调整。如在冷加工的车间里，室内环境可采用暖色调的色彩，而在热加工车间就可采用冷色调，通过色彩的冷暖感来调节工作人员的心理温度，如图4.34所示。

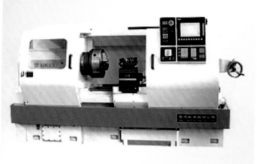

(a) 暖色调的机械手臂　　　　　　　　(b) 冷色调的数控机器

图 4.34　产品色调的影响

3) 不同环境中的家具色彩设计

现代家具的设计特别强调以人为本的设计，在这里我们将要探讨色彩设计在不同需要中的合理性。

(1) 办公家具。单一功能性办公家具大多在具有独立、封闭式空间的场所使用。因此，产品的色彩设计要求典雅、大方，应避免使用大面积的具有强烈对比的色调，如图4.35所示。

（a) 美发店洗发躺椅　　　　　(b) 日本著名设计师深泽直人设计的储物式会议桌

图 4.35　单一办公家具色彩应用

组合办公家具的色彩设计更加要求色彩单纯、简洁、明快、协调，因为纯度较高或配色对比强烈的色彩都会吸引人的注意力，影响工作效率，严重的将干扰正常的工作秩序。所以，色性多采用冷色调，以便为员工创造冷静理智的工作环境，如图4.36所示。会议室家具的色彩设计应本着简洁、明快、庄重的原则，家具的陈设布置风格也应高雅，选择具有一定的凝聚力、深沉的色彩，如图4.37所示。在对公用休闲家具的色彩设计时，可以选用较华丽、明快的色彩，适度的色彩刺激可以消除工作人员的疲劳和精神紧张。

图 4.36　组合办公家具　　　　　　　　图 4.37　梁志天作品

（2）家用家具。现代家居的家具包括沙发、桌椅、茶几、电视柜、写字台、衣橱、床等，其款式新颖，风格多样。根据放置空间的大小，家具的色彩设计有所不同。如放置在狭小空间的家具款式，色彩多采用明度较高的米黄色、紫灰色、粉红、浅棕、木料原色等，或清漆蜡面、亚光处理，具有高雅、舒适、轻便、明快、扩大空间的感觉，如图4.38所示。放置在较大空间中的家具，可选用中明度、高彩度的色彩，如橙红、中黄、翠绿、蓝色等，凸显大气。例如，中国传统的红木家具以深色调为主，给人以古色古香、稳重大方的感觉，如图4.39所示。

（3）教室家具。学校课桌椅的色彩多选用中间明度含灰色调。色彩设计时，要根据学生的年龄层次、教学内容、教学形式等因素的不同而不同。幼儿园家具的色彩多采用纯度较高、天真活泼的暖色调；高年级教室课桌椅的色彩多选用宁静、明快、有助思考的冷色调；对于专用教室的色彩选用也有不同，如美术、音乐教室的色彩多采用对比的暖色调，以创造出欢快的气氛。

为了保证教室的明亮宽敞，室内整体的色彩环境也应同时考虑，如顶棚的色彩多采用白色，墙面采用淡米色、淡蓝色、淡灰绿色，能给人以清新、淡雅、明快之感，地面色彩一般采用中间灰度的色彩。图书室桌椅的色彩常选用明度较高的暖黄、灰绿、灰蓝等中性色调，以构成图书馆宁静、幽雅的环境。

图 4.38　放置在较小空间的家具色彩

图4.39 深色调家具

4) 交通工具的色彩设计

城市交通和我们的生活有着密切的关系，交通工具作为城市环境色彩的一部分，不但具有本身独特的个性，还应根据每个城市的气候变化、地理环境、文化历史、自然风土、民族习惯等不同的自然景观以及民族色彩心理等因素设计交通工具的色彩。比如，我国南方城市的交通工具多喜欢使用冷色基调，北方城市多运用暖色基调，这同气候有很大关系。

特殊行业交通工具的色彩除了是一种法定的行业色彩以便识别外，还有很多有关色彩的视觉心理的应用。比如，人们常接触的邮政车的主色调绿色，就是利用绿色给人带来的安全、可靠、值得信任的感情色彩；医院救护车使用的白色，也是突出白色的宁静的视觉感受；飞机使用的高明度的银白色，给人以轻盈、精细的感觉，试想如果使用黑色，则很容易让人怀疑它笨重得能否飞起来；还有军用装甲车的迷彩色，是利用与自然中色彩调和的结果，达到降低视觉识别，形成保护色的目的。

当然，产品的色彩设计还受许多因素的影响，包括目标市场、环境、文化、流行等因素，都将影响设计师对色彩的运用。无论在色彩设计上如何大胆创新、标奇立异，笔者认为都要遵循以下几方面的原则：安全性、可见性、易识别性及外观的耐用性等。

3．空间对知觉特性的影响

空间知觉包括对对象的大小、方位和远近等的知觉，一般通过多种感觉器官的协同工作来实现。它可以分成距离知觉(也叫深度知觉)和方位知觉。

1) 距离知觉

距离知觉是对物体离我们远近的知觉，其影响因素有几个方面：

(1) 空气透视。由于空气中的尘埃、烟气等的影响，离眼睛远的物体看起来略成蓝色或紫色，模糊不清；离眼睛近的物体看起来要明亮、清晰得多。空气透视的强弱与当地的环境有着很大的关系，这就要求设计时要进行实地考察。

(2) 线条透视。根据两条平行线无限向远处延伸时所呈现出来的变化，我们可以通过近宽远窄、近大远小这个道理来判断物体间距离的远近。

(3) 运动视差。两个具有相同速度的物体，离观察者近的物体在眼球上的运动变化要比远处物体的变化更强烈、更直观。举个简单的例子，夜晚月亮在我们眼里没有发生明显的位移，但实际上它却是以飞快的速度围绕我们旋转。而近处的汽车却是从我们眼前飞速驶去，这就是运动视差。

(4) 对象重叠。这类情况最容易判断，被遮蔽的物体肯定比遮蔽物体更远。

(5) 明暗和阴影。明亮的物体离得近些，灰暗或阴影下的物体离得远些，这是物体明度上的规律。

(6) 眼睛的调节。为了获得清晰的视觉，睫状肌分别调节眼球水晶体的曲度，物体越近，水晶体越凸，这种调节直接反映到大脑中。

(7) 双眼视差。深度知觉主要是靠双眼视差实现的。人的两只眼睛在构造上是一样的，两眼之间有一定距离。如果我们观察的是一个立体的物体，那么在两只眼睛的视网膜上就会形成两个稍有差异的视像，即两眼视差，如图4.40所示。

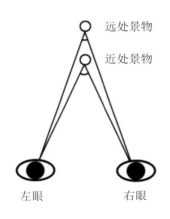

图 4.40　双眼视差形成的透视

2) 方位知觉

方位的知觉是物体在空间中所处的位置感。和物理中的参考系一样，它必须要有一个参考系作为基准，有上下、东南西北、前后、左右等方位名称。在控制设备设计中，方位知觉起着重大的作用，设计师如何排布各种按键、把手、指示器，都需要对人的正常的方位知觉能力进行掌握，使用人员才能自由地操作、控制设备以及随时监控各种数据信息。外界环境因素对它的影响不明显，主要与人的生理结构相关。故设计师需要对人的视线分布图有充分的了解，这就涉及人机工程学方面的知识。排布功能按键时，设计师应该把按键安排在人们最易识别和发现的地方，当有许多控制设备时，它们的放置位置都应该根据操作者的使用位置来确定，使操作者能够及时地发现信息、控制信息，如图4.41所示。

图 4.41　方位知觉应用于操作室

　　空间是一个场所，人在这个场所中使用产品，人、空间和产品三者构成一个整体的系统。设计师要处理好这三方面的关系，即人与空间、产品与空间、人与产品的关系。例如，建筑空间是由物体与感觉它的人之间产生的相互关系所形成的，这关系与人的知觉有关。什么样的空间能让人产生舒适感？环境心理学家认为，人们希望从禁锢中解放出来，假如在一个空间中从一个区域往外看的时候能觉察到其他人的活动，它将给人精神上的自由感。这说明人类的交往活动是公共性与私密性的矛盾统一，所以，应该科学处理环境的开放程度与私密程度的关系。

　　在小空间的处理上，最好部分敞开，以便与大空间取得联系。凡是人感到舒适的空间基本具有两个要求：一个较小的、封闭的空间，可以作为人的依靠；人可以通过它开放的部分看到另一个较大的空间。产品与空间的布置首先要满足人在空间中的活动，其次要有序，疏密得当，否则会产生压抑的抵制感。其实某些产品本身相对于人是一个空间，人在产品提供的空间中工作、生活，要使产品提供的物质空间与人的生理、心理空间相协调，否则会使人感觉压抑、沉闷。如图4.42所示，(a)图是一个用于人际沟通的公共空间，(b)图则是一个用于办公的半私有空间。

(a)

(b)

图 4.42　空间布置与心理作用

4．材料对知觉特性的影响

质感是物体材料表面由于内因和外因而形成的结构特征，通过触觉和视觉所产生的综合印象，作为工业设计的三大感觉要素(形态、色彩和材质)之一的质感，体现的是物体构成材料和构成形式而产生的表面特征。

质料给人的视觉、触觉、嗅觉、听觉等感知特性都不尽相同，所产生的知觉特性也就千差万别。比如，用于制作汽车轮胎的橡胶与汽车内饰的塑料，不论在材料性能还是外观给人的知觉体验上都完全不同，这种例子不胜枚举。在为产品选择材料时要深入思考不同材质的不同知觉特性、肌理效果等。不同的表面处理技术也会造成不同的肌理效果(所谓肌理效果，即产品表面的纹路与结构)，给人的感受也不同。

在设计产品时根据产品特性选择具有光泽度的材质能体现出高度光滑、清洁、耐磨等特点(图4.43)。这些经验性的知识需要设计师在大量的实践与调查中逐渐积累，不可轻视，要综合探究，最后找出一种真正属于产品的质料。

图 4.43　材质光洁度对产品的影响

人对材质的感觉都产生在材料的表面，所以表面肌理在质感中具有十分重要的作用。肌理是由于材料表面的配列、组织构造不同，使人得到的触觉质感和视觉质感。触觉质感也可称为触觉肌理，它不仅能产生视觉触感，还能通过触觉感受到，如材料表面的凹凸、粗细等。视觉触感又称视觉肌理，这种肌理只能依靠视觉才能感觉到。如金属氧化、木纹、纸面绘制、印刷出来的图案及文字，这些都属于视觉肌理。肌理这种物体表面的组织构造，细致入微地反映出不同物体的材质差异。它是物质的表现形式之一，体现出材料的个性和特征，是质感美的重要表现，如图4.44所示。

图 4.44　质料粗糙度对知觉特性的影响

4.3.3　其他因素对受众知觉特性的影响

1．品牌对消费者产品质量知觉的影响

国内外研究结果表明品牌对消费者的质量知觉有很显著的影响。知名品牌，不论是进口还是国产，消费者的产品质量知觉均显著高于对不知名品牌的知觉。消费者在选择产品时，往往对名牌产品表现出更偏爱、更容易接纳和更感兴趣，因为名牌是产品功能和质量的标志，更能让消费者产生依赖感、可靠感、安全感和满意感。

2．产地对消费者产品质量知觉的影响

消费者对国产产品的质量知觉显著低于对进口产品的知觉。对高档耐用产品如家电尤其如此。这种产地效应的存在可能与我国这些行业起步晚于发达国家有关。尽管近年来我国经济的快速发展使许多产品的质量有很大的提高，但由于各种原因，与进口产品尚有一定差距。因此，消费者在一定条件下对进口产品质量知觉高于国产产品。

3．价格对消费者产品质量知觉的影响

大量研究结果表明，对一些产品在特定的价格范围内，价格和质量知觉间存在正相关。Dodds等研究发现价格-质量知觉间关系受品牌影响。价格-质量知觉间关系复杂，除价格外，还有品牌、商店等因素。对品牌效应弱的产品，价格-质量知觉存在正相关；对品牌效应强的产品，在出现品牌名时，价格效应不显著，但在不出现品牌名时，价格效应显著。

4．服务对消费者产品质量知觉的影响

服务是产品的附加形式，研究发现，服务质量影响消费者对产品的质量知觉。服务质量好，消费者评价产品的质量显著高于服务质量差的。服务质量差，消费者认为是企业管理不善，或不健全，对消费者不负责，这种企业给人一种不信任感。一般而言，质量不过

关的企业，顾不上提高服务质量，不敢提高服务质量和做出各种承诺，只有真正质量好的企业才有精力注重服务，也敢于做出各种承诺，这可能是导致服务影响消费者产品质量知觉的原因之一。

4.4 知 觉 模 型

什么是知觉模型？它主要指设计师在进行设计之前对设计项目整体的关于知觉的把握。知觉模型主要包括：用户的知觉愿望(目的或需要)、使用对象、使用场合、使用方式、知觉能力、知觉过程(探索、寻找、发现、识别等)、知觉习惯、知觉预测和期待、非正常情况下可能出现的知觉活动，以及价值观念、符号理解、交流方式等。通过这些方式设计师要取得并建立起消费者知觉模型的构成要素。以电动自行车为实例，表4-1逐一分析了各设计要素。

表4-1 电动自行车设计要素分析

要　　素	受　众　信　息
知觉期望	花少量的钱即可轻易、舒适、安全地把自己从一个地点送到另一个相对较远的地点
使用对象	具有各种文化背景、年龄层次(除幼儿和老人外)的具有自控能力的人
使用场合	马路、街巷(地势较平坦的路面)
使用方式	用脚蹬，用手把持方向，眼睛平视前方
知觉能力	控制自行车安全平稳运行的能力(包括自行车是否损坏，工作不正常时的维护、保养)
知觉过程	查看是否有可移动装置，是否有动力装置，是否有传动装置，是否有控制装置，是否有操作者的位置，是否符合人的正常身体尺寸
知觉习惯	自行车识别的知觉习惯，自行车控制的知觉习惯

所有这些我们考虑的因素都是基于人本身，都是为了让机器来适应于人。设计师应当从用户的角度去研究他们使用中的知觉过程，从使用操作现场中体验他们的知觉过程，而不是只坐在办公室里想象。

受众的知觉特性主要反映在受众第一次接触并认知产品时，以及在正常的或非常的使用过程中的认知、接受心理。设计师在设计过程中始终都应当以受众的知觉特性为借鉴并将其作为设计的参考标准。设计工作者需参考认知方面的书籍，了解用户认知事物的过程及原理，借以分析不同受众在接受产品、使用产品中的不同心理感受，建立起完整的、合理的产品知觉概念模型，最后设计出符合受众知觉特性的新型产品。

设计师获取使用者对特定产品知觉特性的途径主要有以下几种。

1．对使用者进行观察并统计

观察使用者操作的动作姿势、面部表情、动作的难易程度，以及可能出现的言语。这是最直接地了解受众知觉特性的方式。比如，观察受众使用冰箱，如果是第一次使用，不同的人会有不同的操作手段，有人可能参阅产品说明书进行对比操作，有人可能会直接试探性地操作，寻找电源开关，学习如何打开冰箱，如何调节温度、存放物品，以及如何清洗存放室等。经过观察得出大量的信息，经过整理最后得出结论。罗列出产品操作方便、快捷的地方及不便、烦琐的地方。对于经常使用冰箱的人，他们就会把长期操作所形成的知觉模式转化为经验、习惯。对于这种情况，直接对他进行访问，了解其在使用过程中的情绪体验、情感体验，效果更好。

2．对使用者进行访问

访问的方式有两种：访谈和书面调查。

访谈是指设计人员直接与产品的使用者交流，设计人员向受访者提出问题，受访者直接进行回答。作为一个设计人员，访谈就必须不断地接触陌生人，让他们说出对产品的真实感受，这就特别要求访谈的技巧，做好笔记。

书面调查主要就是以问卷的形式来完成同样的任务。设计师预先设定好相关的问题及几种可能的答案，制作成简表或按顺序罗列，然后对消费者进行抽样调查。被调查者的社会层次要全面，最后统计出来的数据才是有效数据。

3．查阅相关的研究资料

此方法主要针对同类竞争产品或同品牌不同型号的产品，结合市场的销售情况、售后情况，发掘消费者比较喜欢的产品型号，分析此型号在形态、功能、质料、色彩等方面的特点，找出受众对产品感兴趣的原因，以进一步确立企业在市场中的地位。

但是，市场调研的结果通常具有滞后性。当今，产品更新换代的速度很快，消费者偏好的知觉习惯也随时发生着变化，这种调研的结果不能真正全面地指导设计，只能作为设计时的一种参考。作为设计师，更应该根据消费者的知觉变化，预测其知觉变化趋势，或者以一种领导者的身份来引导消费者知觉的改变。服装设计师在这方面显然非常成功，他们总是设计出新颖的款式，然后将这些设计成果成功地予以推广，使其成为世界服装流行的主题。工业设计师也应该具有这种能主导消费者知觉偏好的创新能力。

4．市场调研

通过分析比较市场上同类产品的销售与售后情况，我们可以大体上了解消费者比较青睐哪种产品，并且可以深入了解选择它们的原因。我们可能发现消费者比较喜爱某种产品的质感，比较青睐某种产品的色泽，比较习惯于某种产品的操作方式或比较看重某种产品的外观造型等，然后在此基础上建构新产品开发的方向。

消费者的需求具有多层次性，使功能、服务显示出多层次性，消费者感知的侧重点也就不同，较低层次的需求，主要感知产品的功能性、实用性；较高层次的需求，主要感知产品带给人的精神层面的体验。随着社会的进步，技术的普及，人们生活水平提高，需求层次会越来越高，这就是设计的时代性。

有句古话，习惯成自然，这是有道理的。对于某些工业产品，其开发周期长，或者使用寿命较长。比如家电家具等，消费者对其容易形成稳定的知觉模式，转变成一种恒定的习惯。所谓知觉模式，即人们感知外部世界用以指导行动的方式。这时，即使产品本身达不到受众期望的感知要求，这种不合理也容易因长期的惯性而适应。因此，作为设计人员，非常艰难的一点，就是产品知觉模式的创新。设计师要将新的操作方式或感知方式传导给消费者，并且要他们改变现有的知觉模式。比如，电视遥控装置的发明，使得人们不得不抛弃以往的接触式操作的知觉模式。在以后，科学带来新的技术，又可能产生新的知觉操作模式，像光控、声控、电磁波控制等。

4.5 知觉与设计实例

1．格式塔心理学在标志与界面设计中的运用

1) 标志设计中对格式塔心理学连续性原则的应用实例

前文提到格式塔心理学的连续性原则告诉我们视觉倾向于感知连续的形式而不是离散的碎片。在图形设计中，广为人知的例子是IBM的标志设计，它由非连续的蓝色块组成，但一点也不含糊，让人很容易就能看到三个粗体字母，就像透过百叶窗看到的效果，如图4.45所示。

图 4.45　IBM 公司的标志

后来，在标志设计中出现了类似IBM标志的利用连续性原则的设计，如图4.46所示的航空公司标志，也利用连续线条连续成直升机螺旋桨的样式，连续的线条并不影响人们的知觉认知，会使画面变得比完整的面元素更为放松。

图 4.46　直升机航空公司标志

2) 界面设计中对格式塔心理学邻近原则的应用实例

邻近原则与软件布局明显相关。设计者经常使用分组框或分割线将屏幕上的控件和数据显示分开，如图4.47所示。然而，根据接近性原理，我们可以拉近某些对象之间的距离，拉开与其他对象之间的距离，使它们在视觉上成为一组，而不需要用分组框或分隔线。这样可以减少视觉凌乱感和代码数量，如图4.48所示。

图 4.47　对话框中，操作列表按钮放置在一个分组框内，与窗口控制按钮分开

图 4.48　对话框中使用了邻近原理来摆放控件

相反，如果控件摆放得不合适，比如相关控件距离太远，人们就很难感知到它们是相关的，软件就变得难以学习和记忆。如图4.49所示的安装程序截图，代表双项选择的六对单项按钮横向摆放，但根据邻近原则，它们的间距使其看起来像两列垂直摆放的单项按钮，每列代表了一个六个选项。不经过尝试，用户是无法学会如何操作这些选项的。

图 4.49　安装程序截图

2．形态知觉在产品设计中的运用

由浩汉设计与台湾大同公司合作设计的"台湾大同VOIP 无线网络电话"(图4.50)是一款体积轻巧、触感、握感均佳的网络电话，使用热感应触控时屏幕会发光，并拥有简单杰出的操作界面。设计师故意透过天线突出的"旧手机" 形态符号，道出数码时代中现代人的潜在的沟通欲望，传达"我沟通故我在(I connect， therefore I am)"的设计隐喻。在该设计中，设计人员投注了许多精力在材料的挑选及细节处理上，包括人机界面规划等，摆脱了一般手机愈来愈复杂、功能愈加愈多的发展趋势，回归到最基本使用面，即无论在操作或是形态上都体现了最简单的沟通语义。产品左侧上方凸出的天线除了隐喻，也让造型更加可爱。这个设计获得了当年德国IF设计大奖，评委评价道："这支电话外形看起来

不但好，更有让你微笑的魅力。由于那极具美感的天线予人喜爱的暗示，大同VOIP无线网络电话是轻薄的、不突兀的和有趣的。"

图 4.50　台湾大同 VOIP 无线网络电话

3．空间知觉在环境设计中的运用

图4.51所示的日式"楼梯"住宅位于岛根的海边。这套房子除了为业主提供具有层次感的、舒适的室内居住空间外，还有着非常棒的室外延伸结构，如同楼梯一般，让周围的人可以一起互动、共享，受到当地孩子的欢迎。

图 4.51　日式"楼梯"住宅

4．色彩、质感知觉在设计中的运用

图4.52所示为由意大利设计师费鲁齐奥·拉维阿尼(Ferruccio Laviani)为kartell品牌(Kartell拥有60年的历史，是世界知名家具制造商，与著名的设计师Philippe Starck、Ron Arad及Patricia Urquiola的合作使之获得了国际声誉)设计的"Cindy灯"。 Kartell品牌产品的特点在于使用绚丽多彩的塑料材料，使家具和配件产品拥有独特的外形与色彩。

这款名叫Cindy的台灯，虽然造型风格看来有点像20世纪70年代的复古设计，但却为灯具表面赋予了极具未来感觉的金属质感和绚烂的颜色。设计师为了让灯外表的光亮程度尽善尽美，在制造过程中加入了许多光泽感极佳的金属色调，虽然在灯具造型上并未做太多功夫，但色彩与质感的运用同样让产品效果惊艳。由此可见，产品色彩和质感在设计中的重要性。

图 4.52　Cindy 灯

小结

知觉是设计心理学的重要研究组成部分，也是创新设计的突破口之一。知觉以符号的方式显现出来，因此，掌握用户对符号信息的知觉体验，是设计师获取用户设计体验的法宝，也成为促使用户获取设计信息的主要通道。不可否认，研究知觉属性，可以使设计出来的产品符合受众的正常知觉特性，使得产品在市场中取得竞争优势并最终使企业产生经济效益，这种对产品设计和开发所给予的指导作用不可忽视。

习题

一、思考题

1．设计中常用的格式塔心理学原则有哪些？它们分别有哪些特点？请分别用设计实例来说明这些原则适用于哪些设计领域。

2．知觉有哪些通用特性？举例说明这些知觉特性对设计的影响。

3．请简述在视觉传达设计和产品设计中形态知觉对设计作品的影响，并举例证明。

4．请简述色彩及质感在设计中的必要性，思考色彩及质感在环境设计中起到的积极作用，并举例说明。

二、设计实践题

1．模仿图4.53所示的阿莱西的设计知觉形态，大量运用典型的儿童符号或是趣味形态，创造"游戏风格"，设计一套中式餐具，迎合青年文化市场中对低价位和"情感形态"的知觉渴望。

图4.53 阿莱西的设计知觉形态

2．利用格式塔心理学设计原则之一，完成一款情侣手机设计，使人从视知觉上能感受到情侣手机的特色，体现出格式塔心理学关系大于元素的主旨。

第 5 章　操作行为与设计

　　设计的主体是人，设计的使用者和设计者也是人，因此人是设计的中心和尺度。这种尺度既包括生理的，又包括心理的，而心理尺度的满足是通过设计人性化得以实现的。从这个意义上来说，设计人性化和人性化设计的出现，完全是设计本质要求使然，绝非设计师追逐风格的结果。因为离开了对人心理要求的反映和满足，设计便偏离了正轨。因此，尊重消费者，把握心理需求，研究和运用心理规律于设计，才能真正做到"以人为本"的人性化设计。

　　设计的人性化已成为评判设计优劣的不变准则。李砚祖先生认为："什么是好的设计？处于技术水平，市场需要、美学趣味等条件不断变化的今天，很难有永恒评判的标准。但有一点是不变的，那就是设计中对人的全力关注，把人的价值放在首位。"这种观点正反映了设计界对人性化的关注和重视。

5.1 操作过程中人的生理尺度

自然属性是人最基本的属性，人的生理特性是设计要关注的首要环节。满足人的生理尺度是衡量产品安全性和舒适性的重要因素之一，也是提高"人机"对话效率的可靠保障。

如果把操作者作为人机系统的一个"环节"来研究，则人与外界直接发生联系的三个主要生理系统是感觉系统、神经系统和运动系统，其他生理系统则认为是人体完成各种功能活动的辅助系统。例如，人在操作过程中，机器通过显示器将信息传递给人的感觉器官，经中枢神经系统对信息进行处理后，再指挥运动系统操纵机器的控制器、改变机器所处的状态。由此可见，从机器传来的信息，通过这个"环节"又回到机器，在这个"回路"过程中除了感知能力、决策能力对系统操作效率有很大的影响外，最终的作用过程可能是对操作者效率的最大限制。

在操作过程中，运动系统是人体完成各种动作和从事生产劳动的器官系统，由骨、关节和肌肉三部分组成，通过关节的活动而产生各种运动。三者在神经系统的支配和调节下协调一致，随着人的意志，共同准确地完成各种动作，使人体形成各种活动姿态和操作动作。

在操作活动中，肢体所能发挥的力量大小除了取决于上述人体的生理特征外，还与施力姿势、施力部位、施力方式和施力方向有密切关系。只有在这些综合条件下的生理能力和限度才是操纵力设计的依据。另外，动作特点对动作速度的影响十分显著，操作动作的设计合理，工效可明显提高，同时影响使用者的操作心理，对于操作的安全性也会有所帮助。

1．平衡调节理论

座椅在理论上无论怎么"合理"，坐的时间长了，也会产生不舒适的感觉，需要活动一下身体，使各部分的体压状况有所变动、调节，使骨骼肌肉的状态有所转换、变更，这才更符合人体的自然要求。这就是"人体平衡调节理论"在人体姿势中的体现。只有在生理上满足了需要，才能使人在心理上得到满足。以两腿分开站为例，使体重均匀地由两腿分担，无疑是理论上合理的立姿。但是这样站立时间长了，就需要改变为"稍息"姿势，让体重改由一条腿来主要承担，使另一条腿获得一段时间的充分放松，过一段时间，再换由休息过的腿承担。坐姿证实平衡调节理论的例子莫过于人们"跷二郎腿"的姿势了。本来正常坐着，使上身体重均匀分布在臀部、两坐骨尖下，让人在坐着的时候感到舒服。但时间长了，有人会不自觉地跷起二郎腿，宁愿让臀部的一侧及相应的坐骨承受更大的压力，使得另一侧获得一段时间的充分放松。问题的关键在于：即使"合理"的情况下，时间长了生理心理上也需要有所调节。

有的家庭买了大沙发，豪华气派，特别宽大而且松软，但是人"埋"在里面久了，感到不舒服，动一动身子，想变换调节一下生理状态，但由于沙发太过松软，起不到什么变动转换的作用，同时造成人在心理上的烦躁感和不舒适感，说明这样的沙发不符合平衡调节理论的要求。

现在的中小学生几乎全用双肩书包了，如图5.1所示，20多年前中小学生用单肩挎包或手提书包的还很普遍。从人机工程学看，双肩背包在使用解剖学和心理学方面优势明显。背双肩背包，脊柱两侧受力均衡，能保证真正形态；而单肩斜挎或是手提书包，脊柱都因单侧受力而形成侧向弯曲，使椎间盘受压均匀分布的生理状态不能正常维持，于是消耗的体能更多。从心理学上看，用双肩背书包，两手无负担，行动自由灵活，也适合中小学生的活泼好动天性。

图5.1　双肩书包

2．具体操作设计

1) 站立操作

在站立操作时，操作员可以兼顾更大的作业区也可以更大地使出手上的力，特别是当这些条件仅在一定范围内存在时。要求人站立是容易办到的，因为作业物体通常放在高于地面处且很少可被充分调整。例如，在汽车装配作业中，如果将零件重新设计，让车身转动或倾斜，工人就不必在操作时一会儿直立一会儿弯腰了，让工人操作时从心理上感觉到轻松，从而提高工作效率而且更具安全性。

作业空间的高度主要依赖手的运动情况及物体的大小。因而，主要参考是操作人员的肘高度。正如普通规则，手能使出的最大力和最大的移动范围在肘和臀的高度范围内，因而，支撑表面(例如长椅或桌子)是由于手的作业高度和操作者操作的物体大小决定的。此外，还必须为操作者的脚提供充分的空间，这包括允许脚趾和膝盖空间可以移动到接近作业表面。当然，地面应该是平坦且无障碍的。如果可能的话，应该避免使用踏台，因为操作者可能被踏台的四周绊倒，此时人们就会抱怨设计者，造成对这种设计的抵触情绪。

自行车比大型挖掘机或者巨型客机小得多，但自行车的脚踏板与大型挖掘机的加速踏板，都要与人脚的大小适应，两者尺寸就不能相差太大。巨型客机无论怎么大，飞行员操纵杆把手的尺寸，也只能与自行车把手的尺寸差不多。小、中、大型机床，它们整体尺寸相差悬殊，但它们的操纵装置都应该在操作者肢体易于活动的范围内，不至于操作者在使用时造成心理和行动上的障碍。

2) 坐姿操作

坐着作业比直立时能量消耗得少，他要求能较好地控制手的动作，但是覆盖的作业区域和手能使出的最大的力都是比直立时小。坐着的操作者可以通过脚来进行控制操作，如果座位合适就可以使出更多的力。当为坐姿的操作员设计作业空间时，必须特别考虑双腿的自由空间，如图5.2所示。如果提供的这部分空间有限，就会导致不自然、不舒适和易于疲劳的作业姿势。

图 5.2　坐姿操作

手的作业范围的高度也同样主要取决于肘。关于肘的高度，上臂首选的作业范围是在身体前方，这样有利于手指的处理。许多坐姿作业的操作员的作业要求靠近仔细观察，这取决于作业范围的适当高度，依赖于操作员的较好的视觉距离和视觉方向。

3) 手控制操作

人类的手是一个极其复杂的器官，能够进行多种活动。它既能做出精确的操作，又能使出很大的力(当然脚和腿能比手施出更大的作用力)。然而，手又是易受伤害的结构组成。如果产品设计不合理，让手负担过重或受到挤压，必会损伤结构。如果手持式产品与手交互的界面设计合理，将会避免这些损伤，并能提高产品的使用性能。

在手操作的设计中，我们还要注意到左手使用者的需求。适合左手优势者的工具有两种类型：一种是左手专用品；另一种是通过简单变换，让右利者、左利者都便于使用的工具。例如，在手电钻两侧都有安装小把手的螺纹孔，把小把手拧到哪一侧都很简单。

外科手术镊子[图5.3(a)]细而窄的柄不易捏稳，而且操作时由于主要靠拇指和食指用力，这种握持方式使外科医生的拇指和食指容易疲劳。手柄改良后[图5.3(b)]就能稳当地捏在手中，并由于其余各指也能协调用力而大大减轻了拇指和食指的负担，稳定性和手腕角度都得到改善，也使得外科医生在手术操作过程中，不会因操作疲劳而造成医疗事故。

手的力量控制是一个比较复杂的问题。拇指最强壮而小指最弱。整个手抓的力量比较大。手与物的不同连接形成准确性、力量、动作幅度效果各异的不同握持方式，如图5.4所示，产品的设计应充分考虑这一点。

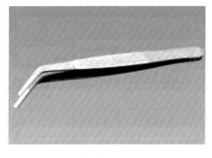

(a) 改良前　　　　　　　　　　　　　　　　　(b) 改良后

图 5.3　手术钳

现在的一些新型电脑键盘(图5.5)常常在字母键盘中央安排了一个折角。可是，对于那些能在原来的键盘上运指如飞的敲键高手来说，这种键位的改变却可能是灾难性的。这种折角的设计仅仅是用来改善腕部的侧偏的，而研究表明手腕在垂直方向的姿势却是更重要的问题。对于这些当前市场上可买到带折角的键盘，它们是否确实有益于操作员工作姿势的改善，目前并没有被一致认可。对于大多数人来说，一个普通的键盘，只要放在适当的位置上，用起来还是不错的。

在鼠标的设计上，大多数是如图5.6所示的这类的鼠标。可是在使用时，使用者的上臂是否是放松的和尽量靠近身体的呢？如果是伸长了手臂去使用鼠标，这种错误的姿势会把鼠标外形改进所带来的些微好处抵消殆尽，也会造成使用者心理上的排斥。因而一个造型上新颖，但操作上令人感到不便的鼠标是不会受到人们喜欢的。

图5.4　手部姿势

图5.5　新型键盘

图5.6　鼠标

在这几年腕垫曾经流行一时，但是研究尚未证实腕垫确实能够带来什么好处。如果您决定使用一个腕垫，那么宽且平的腕垫是首选的类型。避免使用那种软的可以被压扁的腕垫，因为这类腕垫会凹陷以配合腕部的轮廓，而陷在腕垫中的手腕工作时常常仍会处于扭曲的姿势。在击键过程中，手应该是能在腕垫的表面上滑动的。

4) 其他操作设计

半坐，是除了坐和站之外的一种作业姿态。一些需要经常弯腰、倾侧和扭曲身体的作业，如伸手去取随手可得的物体或是一个在狭窄的空间内作业；在入检处和航空货物寄放处装载和卸载乘客的行李；设备的修理、维护和清洁作业时常需要呈现笨拙的身体姿势等。在多数情况下，这样的操作姿势尽管时常发生却是暂时的。因此，除了设备不符合操作者的需要之外，这些短暂的、不寻常和笨拙的姿势中的极少数能够被系统地设计成符合身体规律的作业姿势。比如采矿作业，它也需要矿工经常倾侧、弯腰，甚至跪下、平躺进行作业。一些采矿机械，尽管在操作与控制系统的设计中，操作与显示的人机协调性能差，但也没有必要专门设计成弯腰屈体的操作姿势。

为了能让操作人员在操作时不易造成心理疲劳，在设计时，应尽量改变机械的操作方式或者将工作范围和尺度进行调整以满足操作人员坐或扭曲的操作姿势。

5.2　心理修正尺度

对于3～5米高的平台上的护栏（图5.7），其高度只要略高于人们重心的高度，就能在正常情况下防止平台上人员的跌落事故。但对于更高的平台，人们站在栏杆旁边时即使是同样高度的护栏，也会产生恐惧心理，甚至导致脚下发软、发酸，手心和腋下出冷汗，因此有必要把栏杆高度进一步加高。这项附加的加高量就是心理修正值。又如工程机械驾驶室、厂房内吊重天车操纵室、岗站岗亭的内空间、坦克舱室等处所，倘若其空间大小刚刚能容下人们完成必要的操作或活动，是不够的。因为这样会使人们在其中感到拘束和压抑，为此，应该增加适当的余裕空间，此余裕空间就是心理修正量。又如鞋的内底长度应该比人脚长度放一点余量，以防止穿着行走时的"顶痛"，这部分余量属于功能修正量。但若嫌放了余量的鞋不够美观，再增加一个造型美观需要的"超长度"，那就是心理修正量了。

图5.7　护栏

5.3　人的操作能力

产品是供人使用的，是人们生产和生活中的一种工具，是人的功能的一种强化和延伸。产品的物质功能只有通过人的操作使用才能体现出来，所以产品的功能与人的功能间具有直接的相互联系。现代科技的发展使产品日趋复杂，一个人需观察的显示器和需操作的控制器有时多达几百个，高速、准确、可靠的操作要求给操作者造成了前所未有的精神和体力负担，这就要求产品的人机界面能适应人的生理和心理特点；另一方面，现代生活要求有较高的生活质量，使用产品应感到方便、有效、舒适。这些均要求设计师在进行产品设计时从使用性出发，使人和产品达到高度的协调。

5.3.1　能力的认识

能力是什么，简单来说，能力是干事情的心理因素。实际上能力是一种多因素的复杂结构，通常可分为一般能力和特殊能力、优势能力和非优势能力。个体与个体之间存在着能力的差异，这种差异体现在能力的发展水平差异(量的差异)和能力类型的差异(质的差异)两个方面。能力发展水平差异主要指同龄人之间有聪明与愚笨之分，而能力的类型差异主要表现在能力的知觉差异、记忆差异和思维差异等方面。

用户操作各种产品时，必然要调用他们的能力。因此，用户能力是设计师必须考虑的又一个因素。设计机器操作时，必须考虑调用了用户的哪些能力，怎样评价这些能力，怎样降低对用户能力的要求。如果设计没有考虑解决这些问题，就可能给用户操作造成困难。

在设计物品的操作界面时，需要分析应调用用户的哪些能力。每出现一种新产品、一种新操作，都能引起新的行为方式或生活方式。对于工业设计师来说，认真研究用户的操作行为能力是至关重要的。在分析用户操作使用产品的过程中，要仔细观察他们在干什么，怎么干。首先要区分体力能力与脑力能力，从中发现具体的能力因素，去思考怎样分析提取用户的动作因素，怎样研究这些动作因素，怎样减少动作的复杂性、难度和负荷，降低速度和精度的要求，为改进和创新设计提供依据。例如，在操作以体力为主的机器时，可以从体力能力角度分析能力因素；在操作家电、计算机和电子仪器时，主要依赖的不是体力能力，而是思维判断、选择与决策。如果是为老年人设计，必须考虑他们衰减的视力、听力以及动作的不便。设计者可以考虑使用图形处理控制器(对触摸识别是有用的)或增大控制标志的尺寸，所使用的各种控制器产生的声音反馈必须足够大，以便让有听力障碍的人们能够听见。当要求避免孩子操作控制器时，设计者必须设计特别的控制器，以保证孩子不能独立操作。如设计成孩子无法完成的操作顺序，或只有成年人才能启用的力。

剪刀是简单的小工具，但被剪裁对象有小有大，有硬有软，有的要剪复杂的形状且特别精细，有的要伸入孔洞或拐进尖角去施剪。这样使得操作者的所需的能力也不一样，所以除了剪纸、剪布的普通剪刀外，还有理发剪、铁皮剪、树枝剪等专用剪刀以及形形色色的外科手术剪刀。

要适应上述各种不同的使用条件，达到"安全、舒适、高效"的目标。剪刀前面刀片的形状和尺寸、后面把手的形状和尺寸，都必须符合人们的操作能力，如图5.8所示。

对自己能力的低估将使用户对物品的操作起到重要影响。如果一个用户自认为能力较低，就会导致失去信心，害怕不能完成操作行动，停止进一步的尝试。这就意味着对于设计师来说，在设计操作界面时必须尽量放低对能力的要求。20世纪80年代，40岁左右的人感觉到磁带录像机很难操作。90年代，50多岁的人感到计算机的操作很难。这些都是产品界面设计时忽略了能力要求造成的问题。70年代后期，如图5.9所示的"傻瓜"相机的设计在这一点上做得很好。它取消了焦距、光圈、曝光时间的操作，满足了大量的普通用户对操作能力较低的照相机的需要。现在的数码相机(图5.10)，拥有更大的优势，能够提前浏览到照片的效果，并且存储卡替代了胶卷，具有更大的适用性，同时操作能力要求也适中。

图 5.8　各种剪刀

图 5.9　"傻瓜"相机

图 5.10　数码相机

5.3.2　能力评价

李乐山在《工业设计心理学》一书中，认为能力的评价是通过完成一定的任务来进行的。操作使用任务确定了对用户能力的要求。我们对于能力的评价主要表现在四个方面。

1．操作所需的能力

操作时的每一个能力因素指那些被分解到最简单，最基本的动作任务。简单地说，一个能力因素就是一个单一的动作，如按键、扭盖。我们在进行能力评价时，首先要确定操作时有哪些能力因素，才能进行下一步的评价与操作。

2．操作能力的困难度

衡量能力首先是它的困难程度。现实情况中，完成一件实际任务，需要调用很多能力因素。例如，要求你打开瓶子的盖，你就会发现不仅仅使用"开瓶"这个动作能力。你要先找到一个适当的工具，如果没有工具，你不得不想办法用其他手段打开它，这时变成了一个解决问题的过程。一般来说，解决问题是相当困难的较高级的能力，它比简单的手工动作能力困难得多。在实际操作仪表或计算机时，用户并不是仅仅用手指按一下或扭一下，而是要经过许多认知活动，考虑达到什么目的，选择什么键钮，扭多少角度，怎样获取反馈信息等。因此衡量所需要的操作能力时，主要应当看操作过程是否容易被理解。现代家电、计算机、仪器设备都需要知觉和理解能力。一般来说，操作计算机等工具时，需要的智力能力相对于体力能力要求的困难度要大得多。

3．操作能力复杂度

操作能力复杂度是指完成一个任务所需要的能力的数量。也许其中的每一个能力因素都很简单，但是许多简单能力组合在一起，就变成了复杂度较高的能力。例如，操作计算机键盘上的每个键都是很简单的，但是组合在一起成为命令就使操作变得很复杂了。

4．操作能力负荷

操作能力负荷是指操作时持续的时间和条件。我们看电脑屏幕是比较简单的一种能力，但是如果由于工作需要，要求你连续8小时守候，这就变成了负荷很重的能力要求，如果还要求在高温、高寒或低气压下观察显示屏，就更困难了。这说明单调的、重复性机械操作的能力负荷是相当重的。

此外，对操作的速度和精度的要求也是能力评价的一个方面。虽然流水线上要求的技术程度并不高，动作能力的困难度也不高，能力的复杂程度也不高，但是要求的速度和精度很高，每个动作的精度都规定到"毫秒"级，这些对操作者带来较大的体力和精神负担。

早期的双桶洗衣机脱水桶在运转时，打开脱水桶盖后脱水桶不会自动停止。设计者为防止用户将手无意间伸入旋转的桶中造成事故，特意在洗衣机上用醒目的字样提醒用户不要在脱水桶工作时将手伸向桶内。可结果还是不断发生用户伸手受伤的事故。这就是设计者忽视了人的反应特点造成的。由于人对事件的反应存在"人为误差"，当发现桶内衣物不正常时会忘记脱水桶正在运转而不自觉地将手伸入桶内。设计者认识到这一事实后，即对洗衣机作了改进。现在使用的洗衣机只要打开脱水桶盖，旋转着的脱水桶会立即自动停止，从而彻底消除了事故隐患。同时，现在的全自动洗衣机(图5.11)能够更轻松和安全地解决这些问题。

图 5.11 全自动洗衣机

针对现有的有缺陷的产品，人们通常通过一系列的再设计进行改进和提高，也就是我们所说的改良设计。这种再设计的程度可大可小，改进的手段之一就是从产品的消费者处获得合理的数据，在保留那些得到广泛认可的特色和功能的基础上，将再设计的重心放在解决用户反映的问题上。

在我们日常生活中，插座到处可见。在使用过程中，手指接触到金属片而造成触电事故是时有发生的。改进的电源插头设计改变了原有的插拔方式，因而不易触到金属片，如图5.12所示，大大提高了电源插头使用的安全性。

图 5.12　改良后的插头

5.4　人的技能与操作

人一生中可能会接触到上万件不同的物品，如果一个人只需要花一分钟来学习使用一件物品，那么学习使用上万件物品则要花费数万分钟，社会的发展要求产品使用越来越简单，使用户花最少的学习时间。那么如何解决这个问题呢？从人类思维和认知心理学理论可以知道用户获得产品操作方法的途径从易到难，因此产品设计应追求使操作方法明朗化，要求的技能不复杂或能利用人们从其他物品获得的使用方法，也就是凭直观感觉就知道怎么使用。

经过几十年的实践，许多机器工具都引起了大量的工伤事故，从中人类得到了大量的惨痛教训，同时人们发现这些体力产品的设计基本上是为了提高机器效率，缺乏考虑人的生理和心理因素，因此造成大量的职业病和人身危险等，于是提出了"以人为本"的价值观念。许多设计准则都提出了安全要求，核心是按照生理和心理特征，改进产品的设计，给用户提供有利的操作条件。

人们在进行操作过程中，我们要提到的是技能。技能是一类过程性知识，这种技能性行为不仅在工业操作中是基本的行动方式，而且在日常生活也是很重要的。传统意义上说，技能行动主要指高度自动化的、高精度的或高速度的一系列心理动作操作，例如敲键盘、打篮球、骑自行车、做手工艺等。在心理学上，技能行为指各种自动化的行动。当然各种技能行为具有各自不同的特性。

用户的目的是学习各种物品的操作使用。新技术新产品不断出现，给人们带来新功能，也带来新烦恼，其中之一是学习操作使用时的技能困难。新技术带来的新产品往往也引起新的行为方式、动作方式、思维方式。这些新方式是否容易被用户学会？这个问题很少被设计者考虑。几十年前的手表设计很简单，用户只需定时上发条。那时的手表只有一个控制器——手表侧面的小金属栓。要使手表正常走时，只需转动金属栓，上紧发条。把金属栓往外拉，然后旋转，即可调整时间。这种操作方法易学易用，小金属栓的转动和指针的转动之间存在合理的关系。这种设计使用户所需要的技能很少，很容易操作。而随着技术的发展，现代的电子表没有发条，改用效力持久的电池带动一个小马达，用户所需要的只是设定时间。小金属栓仍然有用，因为手表总会时快时慢，偶尔需要调整。但是现在电子表上的金属栓要复杂得多。如果设计上的改变仅仅是用电池代替发条，那就不会出现使用上的麻烦。可是，新技术给手表增添了很多功能，显示星期、月份和年份，还可以倒计时、当跑表或闹钟用，显示各个时区不同的时间，甚至用作计数器和计算器，如图5.13所示。这时，产品的功能种类和所需的操作技能超出了使用者可接受的范围，设计就会变得复杂、不太受欢迎。

图 5.13　多功能手表

人们都希望能够很容易掌握各种产品的操作使用。很多设计师并没有意识到，他们在设计各种产品的同时也设计了用户的操作类型，其中包括许多技能行为。例如门上的把手、室内灯泡的开关、笔、自行车、摩托车、键盘等，都属于这种情况。在长期使用中，人们已经通过学习操作获得了动作方式，成为熟练的习惯。如果改变这些操作方式，意味着以前的操作经验失去了作用，他们不得不重新学习操作方式。如果每三五年就把汽车的驾驶方式彻底改变一次，并给你赠送包装精美的三本使用说明书，可能没有人能够成为熟练的司机。工具是为人服务的，应当适合人的需要，辅助人的行为，使人不必花费大量精力去学习如何操作使用。

用户在使用产品需要技能时，希望这些产品能符合技能目的，"物易我用"和"物我合一"。"物易我用"意味着设计物的使用操作只采用了简单的动作，可以很快被用户掌握。"物我合一"意味着设计物可以很容易成为人体器官的延伸，同用户的知觉和动作形成反应链。

计算机是个工具。但是，这个工具太复杂了。其设计思想基本上还是以机器为本，造成全世界数亿人要花费大量精力去学习如何操作。20世纪90年代以来，许多人明白了这个问题，设计新产品的一个重要思想是设法改进产品的人机界面，使它适应人的思维和行为方式。了解了这种设计思想，就没有必要模仿人家的产品，我们能够自己发现问题，探索新的发展道路。如果能够在计算机的人机界面找出崭新的设计思想和技术，就能够对计算机领域产生重大影响。

5.5 操 作 心 理

人类的设计和设计物总是体现了一定时期人们的审美意识、伦理道德、历史文化和情感等精神因素，这是物的"人化"；而人类的一定意识、情感、文化等精神因素，又需借助于一定物质形式来表达，作为人类生活方式载体的设计物必然承担着一部分对人类精神的承载和表达功能，这便是人类精神的"物化"。"人化"和"物化"构成了人与设计物的互动关系。

迅猛发展的高科技，正逐步改变着人类生产生活的方方面面，在展示人类伟大的征服力量和无与伦比的聪明才智的同时，也带给人新的苦恼和忧虑，那便是人情的孤独、疏远和感情的失衡。在高科技发达的社会里，人们必然去追求一种平衡———一种高科技与高情感的平衡。因此，设计中注重人的心理是高科技发展的必然要求。NOKIA的"科技以人为本，尽享人性化科技"的成功，就很能说明问题。所以，设计产品时，在功能与形式达到统一的基础上，注重用户的操作心理，才能真正达到"物我合一"。

5.5.1 用户模型及设计原则

人类区别于其他生物的根本特征是发明和制造工具的能力。在机器和技术不发达的阶段，通过机器能够完成的工作很有限，所以，人们往往需要直接介入很多具体重复的操作。随着人类社会的发展和科学技术的进步，机器能够完成的工作越来越多，也越来越复杂。现代计算机通过人工智能等技术甚至可以模仿部分人类思维。但是机器毕竟是机器，他们只是被用作为人类提供便利和效率的工具。人们永远需要在不同的层次上支配着各种各样的工具和系统，以完成各种任务。

人在使用机器作为完成任务的工具时，要达到最高效率是让人和机器各自发挥优势。机器的优势包括可以准确地、毫不疲倦地重复所要求的功能，但是缺乏判断和决策能力。人的优势是可以灵活地针对任务中出现的各种情况进行决策，并支配系统的各项行为，但是人在重复某些行为方面的质量却不能与机器相比。

1．用户及其思维模式

1) 用户

用户是产品的使用者，是与产品使用相关的特殊群体。他们可能是产品的当前使用者，也可能是未来的，或者是潜在的使用者。用户在使用任何产品时都会在各个方面反映出视觉和听觉等感知能力、分析和解决问题的能力、记忆力、对于刺激的反应能力等人类本身具有的基本能力，同时，用户的行为还时刻受到心理和性格取向、物质和文化环境、教育程度及以往经历等因素的制约。

用户在使用产品的过程中的行为也会与一些和产品有关的特征紧密相关。例如，对于目标产品的知识，期待利用目标产品所完成的功能，使用目标产品所需要的基本技能，未来使用目标产品的时间和频率等。

用户年龄的分布意味着用户界面风格产生相应的变化，以适应人们随着年龄的增大，视力、听力和记忆力减弱的规律。例如，用户性别比例的构成会暗示色盲的比例和手的大小。在设计以男性用户为主的用户界面时，要考虑到男性群体色盲的比例远远高于女性用户群体，同时，输入设备的物理尺寸可以考虑稍微大于平均用户需要的尺寸。

在心理方面，完成产品操作任务的动机和态度对完成任务的质量和效率起着非常关键的作用。强烈的动机和积极主动的态度是完成任务的重要的心理基础。在现实生活中，人们通常会将他们的各种愿望和需要进行排序，人们在完成他们认为最重要的、最必须完成的任务时就会更加严肃认真，这些动机和态度也会由于设计原因的影响而发生变化。完成任务过程中很强的趣味性、进展顺利等因素可以使用户被适当激励，增强用户的动机，提高完成任务的效率。与之相反，完成任务过程中屡遭挫折、身心疲惫、支持不足、受到强制性压力等因素会对人的情绪和操作效率等有明显的影响。在进行可行性设计时，应当尽可能全面细致地考虑各方面的用户体验，任何一个小的问题都可能对用户造成情绪上的影响，而影响到用户的综合满意程度。

用户背景包括可能影响到产品使用的用户各方面的知识和经验。以计算机系统的设计为例，用户背景一般包括教育背景、读写能力、计算机知识程度、计算机系统一般操作的熟练程度、与产品功能和实现方式类似的系统的知识和经验、对系统所完成的任务的知识和经验等。这些知识和经验都直接或间接地与用户使用系统的情况相联系，所以产品设计要充分考虑这些因素。

同时，用户使用产品的物理环境和社会环境也对使用效果有明显的影响。这方面的考虑的因素包括光线、噪声、操作空间的大小和布置、参与操作的其他用户背景与习惯、人为环境所造成的动力和压力等。例如，在噪声较强的环境下，用户界面就不能依赖以声音的方式输出信息。所以，设计人员应当仔细、全面地了解和预测用户在使用所设计产品时遇到的各种环境。例如，松下公司设计的一种巧妙的小型洗衣机(图5.14)，分离了电动机和盛装衣服的容器部分，是一款简单易用、真正满足洗衣机微型化要求的产品。它的桶可独立购买，并且当洗衣完成后可换下来，对于清洗少量衣服或者是有特殊洗衣要求时，这个产品是不错的选择。

图 5.14　松下小型洗衣机

2) 思维模式

在设计理论中，经常提到三种模式：用户思维模式(user's model)、系统运行模式(system model)和设计者思维模式(designer's model)。用户思维模式是指用户根据经验认定的系统工作方式及他们在使用机器时所关心和思考的内容。系统运行模式是指机器完成其功能的方式和方法，也是系统的实施者所直接关心的内容。

用户使用产品的目的是能够更高效地完成他们所期望完成的任务，而不是使用产品本身。产品的价值在于其对于用户完成任务过程的帮助。用户在各自知识和经验的基础上建立起完成任务的思维模式。如果产品的设计与用户的思维模式相吻合，用户只需要花费很短的时间和很少的精力就可以理解产品的操作方法，并且很快就能够熟练地使用以达到提高效率的目的。相反，用户如果需要花费较多的时间和精力来理解系统的设计逻辑，学习系统的操作方法，这些时间和精力的花费不能直接服务于完成任务的需要。在这种情况下，即使完全掌握操作方法以后，在使用过程中也可能出现各种各样的困难和错误。在最差的情况下，用户可能最终发现采用这种产品事倍功半，而决定放弃使用。

用户完成任务往往可以通过使用不同的工具，通过各种不同的方式完成同样的任务。所以，在某种意义上讲，任务和工具的设计是相对独立的。不论使用什么工具和方法，人们对任务的理解和完成任务的习惯方式取决于他们的思维模式，工具的设计一方面需要考虑如何以符合用户的思维方式提供各种功能，另一方面也需要考虑很多实施方面的局限性。在实际设计过程中，理想的用户思维模式往往与实施方面的各种局限冲突，甚至部分用户期望的完成任务方式被认为不能被实施。所以，在进行各个层次的设计决策时往往采取的是用户思维模式和实施局限的妥协。

2. 产品的设计参数

产品对它们的使用者是友好的，从综合的感觉上来看，它们应成为使用者的朋友。因此，如果我们制造的产品对使用者就像朋友对我们一样，将会对提高人们的生活质量起到重要的作用。作为设计师，要将冰冷僵化的客体转换为闪烁生命之光的主体，成为人们真正感到温暖的东西。

为了使我们的任务更容易实现，我们需要适当的分割参数，找到确切的特征。主要从两个参数来考虑：

第一个参数是适合性。产品必须与使用者的使用需要紧密相连。产品是否有用完全取决于使用者自身的特点、时间、地点和情况等。以割草机为例，如果你有一个大花园，为了帮助你保持草坪的整洁，它和你的关系就会非常密切。但是如果你是住在高层公寓的顶楼，就算你把房间弄得乱七八糟也不会需要它。

第二个参数就是意义。产品必须对使用者有意义，才会被人喜爱，意义和关联是相互独立的。前面提到的割草机就是一个例子，不论是对园丁还是对住在公寓楼的居民而言，它的意义也许是因人而异的。假设园丁并不在乎使用何种割草机剪草，但他被割草机的特点深深吸引，也许是因为它轻巧好用，也许是割草机的声音使他回想起童年夏日炎热的夜晚，以及父亲割草的情景，就使这种割草机既适合用户又有了意义。对于公寓楼里的居民来说，割草机的适合性可能很低，但从意义上看却会很高。假设他曾经是一个专业的园丁，现在退休住在公寓里，这割草机也许会使他想起过去的欢乐时光。换句话说，有意义的产品就是对使用者来说具有特殊含义的，也许不完全取决于它的功能。

人的大脑是一个设计精妙、用于理解外部世界的器官。只需要提供一丝线索，大脑便会立即开始工作，对外部世界进行解释和理解。想想我们日常生活中的那些物品——书、收音机、厨房用具、办公设备和电灯开关。设计优秀的物品容易被人理解，因此它们给用户提供了操作方法上的线索，而设计拙劣的物品使用起来则很难，往往让用户很沮丧，因为它们不具备任何操作上的线索，或是提供一些错误的线索使用户陷入困惑，破坏了正常的解释和理解过程。为此我们需要对设计提出一些原则，这将在下一章中详细论述。

5.5.2 操作失误心理

失误心理也是操作心理的组成部分。人的失误是由于在人的意识不够明确的内部状态下受外部因素作用而产生的。人的失误是因为人的行为具有自由度(不稳定性)，实际上是人的可靠性问题。引起失误的因素是多方面的，失误因素通常不是显而易见的，其中有的则是产品系统中潜在的。人机界面上的失误心理主要有觉醒水平和单调两种。许多失误是由于人的觉醒水平低、反应迟钝造成的；失去工作兴趣、疲劳或异常兴奋导致失误率上升。简单而重复的操作，不能发挥工作者的创造能力，就会形成破坏工作情绪的单调心理状态，提前产生心理疲劳，或者行动怠慢、工作分心，导致工作可靠性下降，失误增多。在进行物品及其界面设计时，应考虑使之有较多的个人趣味，或增设提醒装置，既不会由于紧张而过早疲劳，也不致因工作负荷过低而处于较低的觉醒状态。

人们常常认为应该尽量避免出错，或是认为只有那些不熟悉技术或不认真工作的人才会犯错误。其实每个人都会出错，设计人员的错误则在于没有把人的差错这一因素考虑在内，设计出的产品容易造成操作上的失误，或使操作者难以发现差错，即便发现了也无法及时纠正。唐纳德·诺曼在《设计心理学》一书中指出，设计人员在进行产品设计时应当注意的事项如下：

(1) 了解各种导致差错的因素，在设计中，尽量减少这些因素。

(2) 使操作者能够撤销以前的指令，或是增加那些不能逆转的操作难度。

(3) 使操作者能够比较容易地发现并纠正差错。

(4) 改变对差错的态度，要认为操作者不过是想完成某一任务，只是采取的措施不够完美，不要认为操作者是在犯错误。

设计人员处理差错的方法很多，但最关键的一点是，要用正确的态度看待差错问题。不要认为差错与正确的操作行为之间是截然对立的关系，而应当把整个过程看作是人和机器之间的合作性互动，双方都很有可能出现问题，设计人员都应该实行以用户为中心的设计哲学，从用户的角度看问题，考虑到有可能出现的每一个差错，然后想办法避免这些差错，设法使操作具有可逆性，以尽量减少差错可能造成的损失。

5.5.3 特殊人群操作心理

1．儿童操作心理

儿童在对产品进行操作时，我们要考虑到儿童心理及生理特征。对儿童基本特征的研究，目的在于使设计更能保障儿童的安全。比如，机动车中的防撞安全装置的设计，就必须了解儿童无论在站立或坐的情况下随位移变化而引起身体的变化。再如，随着年龄的增长，人体机能不断变化，这些信息都非常重要。又如，儿童站立时的身体尺寸对于学校桌椅的设计就是非常重要的考虑因素。由于不同身体尺寸的儿童可能共同存在一个空间。因此，姿势的问题也会也要考虑。所以，不同尺寸的桌椅应该适应于不同身体尺寸的儿童。通常由于许多具体的原因，要得到同时适合各方面的数据是很难的。现在出现的可调整的桌椅就提供了一个解决的办法，但是对于年幼的小孩，在使用可调整的桌椅时仍有许多困难。

儿童的基本特性还表现在，如婴儿的不协调性，身体力量的不足，身体的高度在童年的早期和中期会迅速增长等。手的力量与年龄有直接的关系，至少在幼年的早期，力量和手的支配性与性别之间有一定联系。

幼儿拿东西会出于本能，即要确认手中物体的存在而企图紧紧握住。但幼儿餐具多为成人餐具的缩小，使幼儿难以紧握，不得不总是依赖母亲喂食，影响幼儿建立自信和早日自立。图5.15所示的产品就是特别为幼儿考虑设计的餐具。其尾部上翘弯曲成弓形，下面的把手成橄榄状。当幼儿握住把手，手背被弓形柄卡住，不易滑落，使之紧握。这种设计使得幼儿能够在成长早期就能主动地操作小物品，对于心理上的发育很有意义。同时，制作把柄的材料是具有"形状记忆"功能的聚合物，能与各种手形自动吻合，不仅可任意适合左右手，还可根据不同人的手指、握力等造成的习惯性的握把姿态任意改变其形状，以最佳形态适合不同手的紧握。这组设计充分从幼儿的心理和生理方面考虑，是具有人性内涵的设计。

图 5.15　幼儿餐具

图5.16所示也是一套幼儿餐具。设计者针对幼儿用餐时的习惯和手握餐具的状况进行了长期观察研究，专为幼儿设计了安全性能高的西餐餐具。餐具的把手短小圆润且易握，刀叉的尖端部分趋向圆润，样式显得稚拙可爱，使用安全。

对于儿童的培养，不仅仅是对他们进行思想上的教育，对于他们的动手能力、主动操作物品的能力也显得很重要。在操作过程中，孩子能够得到更多的自信和成就感。因而在儿童物品的设计上，应该加入更多的心理情感因素在里面，同时也要操作方便和具有安全性。

幼儿的形体大小与成人相比差距悬殊，儿童马桶座就是依据儿童体型娇小的特点设计的，巧妙之处在于仅设计了一个盖子就解决了问题，依靠盖板底下的卡口将较小尺寸的儿童用盖板固定在成人马桶座上，使得儿童上厕所变得更加方便和放心，如图5.17所示。

幼儿从学习刷牙开始，就开始与牙刷有了接触。针对他们的特点(手小、口小，对色彩艳丽的东西具有好感)而设计的一款牙刷如图5.18所示。刷毛用柔软的聚酰胺做成，不会伤及幼儿的牙床。手柄端部设计了富有弹性的按摩头，把手上的波纹便于幼儿抓牢，手前面的环形支架可以控制牙刷进入口腔的长度，提高了产品的安全性。

图 5.16　幼儿西餐餐具

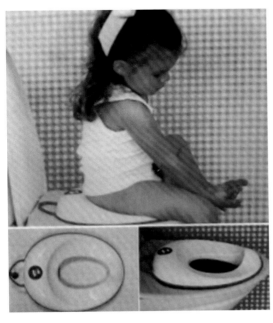

图 5.17　儿童马桶

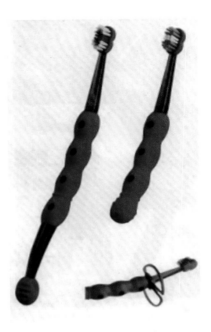

图 5.18　幼儿牙刷

图5.19是青蛙设计公司(Frog Design)为迪士尼公司设计的一系列儿童电子产品。鲜活明亮的颜色，流畅可爱的造型，形态构成要素之中处处体现了童趣的魅力，同时也符合儿童操作时的生理特点。

图 5.19　青蛙公司设计的儿童电子产品

2．老年人操作心理

在老年人使用的产品中，功能优化、操作简化、设计人性化，是衡量设计成功的三项重要因素。在生理功能上，老年人的适应能力减弱，抵抗力下降，自理能力降低，感知功能衰退。因此，感觉器官系统的老化，各种感觉能力和功能的衰退，使这一群体在产品使用和设计上有特殊的要求。而且老年人在精神上和心理上更需要关注，设计的老年物品要注入情感因素。

(1) 功能模块化、界面友好是设计关键。产品的方便性、使用的科学性和相应的价值观应该是统一的。

(2) 操作方便。一件好的产品设计，应该让人容易了解操作过程。单纯简洁的设计是为了让人更方便地使用。这不仅是老年人群的消费需要，也是大多数人日常生活的选择。

(3) 突出亲近感。尽管人们购买产品，首先考虑的是产品的使用价值，但在社会老龄化的进程中，产品设计应考虑易用、安全和舒适性，使用户在看见和触摸产品的瞬间就对功能和使用明白无误。

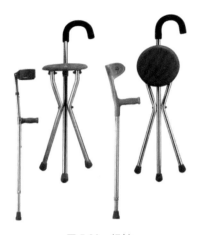

图 5.20　拐杖

设计时可采用具有亲近感的产品造型，来求取老年消费者在心理上的共鸣。假如产品一放到货架上，消费者就能认为是专为他设计的，那么这一产品的亲近感设计是成功的。能带来柔和、亲切、温暖、安全的情感体验的老年人用品才会赢得市场。

(4) 重视人的因素。产品设计是基于各种适用技术，在广泛的领域里进行创造性的活动，必须凭借科学技术的成果来进行产品制造，最终被人所使用。对于产品设计者，必须在很多方面注意到人的因素。例如，老年人活动不便，拐杖的设计极其重要。如图5.20所示，此款拐杖的设计最具特色的地方是拐杖功能的叠加，走路时拐杖帮助老年人掌握重心保持身体平衡，达到省力的效果。如果走累了，拐杖又可以变成一个简易的凳子便于老年人休息。

从视觉因素来看，和谐的色彩和形象给人一种平静和愉悦的感觉，而灰暗和杂乱的环境给人一种焦躁不安的感觉。在老年用品外观的设计上应注意：界面外表要圆滑平整，功能显示、开关按键安排布局要和谐而有规律。

从触觉因素来看，产品的尺度是否合适，提、握、拉的操作是否符合老年用品的人机要求，是否有对人体皮肤产生刺激的表面质感等，是否给老年人在使用产品时带来舒适感。

为使高龄老人在家中生活方便、安全和舒适而设计的新型坐便器，具有良好的清洗功能。有辅助起坐的扶手和舒适的靠背，人坐下时可保持身体躯干平稳。不但方便老人，也满足了所有人对生活处处要求舒适的追求。在设计上把水箱、上水管、电源、插座等全部封罩在坐便器背后的壳体内，并于墙壁连成一体，故称壁挂式。其外观十分简洁，整体感强，如图5.21所示。

图 5.21　壁挂式坐便器

国内老年人产业目前大多以老年人生理老化、需要调理、保健为出发点，因此，老年产品的发展更多的聚集在保健品行业，这显然是对老年产业过于狭窄的定位。成熟的老年产业市场，适合老年人的产品渗透到每一个产业类别中，几乎每一个产业类别中，皆有可能针对性地开发适合老年人的产品，代表时尚与高科技的手机也不例外。

现在市场上越来越多地出现了老年手机，如图5.22所示，配备了接听、拨打功能，省略了一切复杂的手机功能设置。考虑到老年人听力衰退、视力下降的情况，受话器、扬声器采用了尺寸比普通手机更大的型号，字体也调到了最大。在手机的市场定位中，高龄用户确实很难定位。很多老年人需要手机，但市场上的手机因为功能过于复杂而令很多老年人望而生畏，老年人手机为老年人消除了困惑，事实证明其是操作方法非常直观而且价格适宜的产品。

图 5.22　老年手机

3．残疾人操作心理

现代社会对"人性的关爱"更多地表现在对弱势群体的关注上面。在弱势群体中，残疾人力量是最为薄弱的。他们在社会的各方面都应该受到保护和重视。

由于残疾人生理上的缺陷所产生的功能障碍，使他们在正常范围内实现某种活动的能力受到一定程度的限制，因而也造成了他们心理上的自卑，觉得自己不能融入社会。同时，由于社会及居住环境上的障碍，如城市道路、交通和建筑物中的许多设施，对残疾人的通行与生活造成了不利和障碍。例如，坐轮椅的人无法上公交汽车、无法进入某些建筑物等。

我们现存的商业和消费产品没有经过大的改进，残疾人一般无法使用他们。长期以来。致力于康复工程领域的专家们通过改良产品来满足严重伤残人群的需要。例如，给汽车装上手动控制可以为下肢不便的人提供方便。类似于计算机这样的产品也针对个别用户的要求进行了适当改良。

为残疾用户提供方便的第二个方法是设计、开发新产品，这些新产品不必经过改良就能直接供残疾人使用。如为伤残人士设计的现代载人电梯，其控制面板的安装位置即使坐在轮椅上的用户也够得着。电梯的控制信息既包括视觉信息，又包括触觉信息(盲文)。除此之外，在电梯上还配置了听觉显示装置，它能以语音通知乘客电梯到达的楼层。

为残疾用户提供方便的设计原则可归纳为以下四方面：

(1) 提高显示和控制的合理性和方便性。例如，增加显示屏和标签上字体的大小；用高对比度和宽视角的显示屏；用大且容易把握的控制器；减少操作控制器所需的作用力；将控制面板置于产品的前端面上。

(2) 简化产品操作。产品的操作力求简单易懂；通过提供合适的作业辅助提示，降低必需的认知水平；简化用户操作指南。

(3) 提供多种感官信息。同一信息由视觉显示装置和听觉显示装置同时传递；在可行的前提下提供多种类型的反馈(视觉、听觉和触觉)。

(4) 不断调整产品以满足个别用户的需要。增加补偿装置以满足个别用户的需要(如图像增强器、语音合成器、脚动开关、触摸屏、改良后的键盘和语音识别装置的交替类型控制)；提供亮度、对比度和响度控制。

瑞典的玛丽亚·本克松为残疾人士设计了许多优秀的产品(图5.23)，真正的以用户为中心，通过优化装置使人类活动更容易。事实上，她设计的动机在于通过自己的设计使残疾人士尽量少地依赖别人而独立生活和工作，让他们从心理上排除自卑感，认识到个人价值的存在，因而能更好地融入社会。

专供老年人和病残人士卧床时喝水用杯，在设计上注重卧床病者使用的功能因素，杯口的部分边缘向外探出，形成喝水口，便于人在卧床饮用时水流直接进入口中，并避免握杯的手晃动时水流溢出。水杯把手在喝水口的旁边，造型宽扁，并向后倾斜，便于握紧，如图5.24所示。

在残疾人的餐具(图5.25)设计中，加大、增粗把手的尺度，有利于改善操作时手抓紧的分量感，提高了操作时的牢固性。把手的中空工艺处理使产品的重量不会随尺寸的加大而增加，较好地提高了产品的舒适度。在造型上以不同寻常的造型特征，满足了有行为障碍的人士的使用需要。

(a)Beauty 刷子和梳子

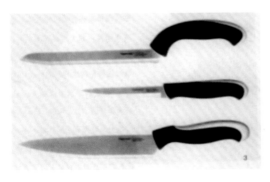

(b)E 系列刀具

(c)Idea 厨房用刀

图 5.23　玛丽亚·本克松的设计

图 5.24　水杯

图 5.25　餐具

5.6　环境与操作

　　古代有句名言："鱼相忘乎江湖，人相忘乎道术。"意思是说：人与鱼一样，要有一个适宜的生存环境，才能生活得幸福、快乐、其乐融融，以致与环境融为一体，达到"物我"两忘的境界。人与环境，与周围的物体之间达到"天人合一"的境界，必须考虑到人在环境操作中的舒适度和安全度。

　　不少设计师很自信，以为建筑将决定人的行为，但他们往往忽视了人工环境会给人们带来什么样的损害，也很少考虑到什么样的环境适合人类的生存与活动，其注意力仅仅放在解释人类的行为上，对于环境与人类的关系未加重视，而在实际设计中应从人的心理特征来考虑研究问题，从而使我们对人与环境的关系、对怎样创造室内人工环境，都有新的更为深刻的认识。

5.6.1　环境空间

　　加拿大建筑师阿瑟·埃利克森说过："环境意识就是一种现代意识。"人是环境的创造物，同时又是环境的创造者。人类在自然环境中生存，就对自然环境进行着选择、适应、调节和改造。"在各种环境中居住的人们为了生活的舒适和愉快而不断追求行为上的方便，于是可以见到的最朴素的形式就是人们在草地上踏出坚实的道路。"环境在哲学领域内是指事物与事物之间、事物与人之间及人与人之间的一系列联系。环境研究始于20世纪60年代，随着多元化思想的流传，环境研究在其影响下也揭示了环境问题正是世界性问题，没有哪一种文化及其环境形态与结构具有绝对的主导地位；相反，只有通过研究世界各地不同文化所产生的环境，才能理解、认识和解决人与环境之间的根本关系问题。

1．个人空间

　　鸟儿停落在电线上成一排，互相保持一定的距离，恰好谁也啄不到谁。类似的现象在人类中同样存在。例如在公共场所中，一般人不愿夹坐在两个陌生人中间，因而出现公园座椅两头忙的现象。如果有人张开双臂占据中间的位置，那么常常是一个人就客满了。对于这些日常生活中常见的现象一般人感到不足为奇，然而心理学家却从中得到启发，在大量观察的基础上提出了"个人空间"的概念。

无论是在餐厅、酒吧和图书馆等地方，只要存在着一个与人共有的大空间，几乎所有的人都会先选择靠墙、靠窗或是有隔断的地方，原因就在于人的心理上需要这样的安全感，需要被保护的空间氛围。当空间过于空旷巨大时，人们往往会有一种易于迷失的不安全感，而更愿意找寻有所"依托"的物体，所以现在的室内越来越多地融入了穿插空间和子母空间的设计，目的就是为人提供一个稳定安全的空间。

公共休闲条椅在公园里、林荫道旁、校园、社区里很常见。其中有些设置年代较早的条椅长度在1.6米以上，可供4人坐着休息。但是实际上很少看到这种条椅上同时坐着4个人，偶尔有，那就是"同伙"了，例如同班的中小学生、结伴而游的亲密者之类。倘若条椅上已经坐着生人，哪怕还留有空位，除非万不得已人们是不愿去坐的。情况倒过来也相仿，设想你与家人、友人在长椅上坐着休息时，若有陌生人来坐在近旁的空位子，这会促使你提前离开。可见设置4人坐的公众休闲条椅是不能发挥预期效用的，因为其设计不符合人们的心理要求。如图5.26所示的这类条椅缩短到1～1.2米之间，供两人使用，这是合理的长度。还有一些设计师将公共座椅设计成可移动的单个椅子，如图5.27所示，也很好地解决了这个问题。

图 5.26　公共座椅

图 5.27　公共座椅

2．私密性

私密性是作为个体的人对空间最起码的要求，它表达了个体的人对生活的一种心理的概念，是作为个体的人被尊重、有自由的基本表现。私密性空间是通过一系列外界物质环境所限定、巩固心理环境个性的独立的室内空间，如果说领域性主要在于空间范围，则私密性更涉及在相应空间范围内包括视线、声音等方面的隔绝要求。

人们在电话中的通话属于隐私，但国内现在的室内公用电话或室外公用电话亭如图5.28所示，多数不能提供通话隐私保护，而国外的大多数电话亭如图5.29所示能较好地提供一个私密空间。存款、取款、汇款的数额、密码是隐私，不仅为了安全，也是人所共有的心理。在大城市储蓄所、邮局营业窗口外、ATM机柜前排队的顾客中，能自觉遵守"一米线"守则的人正在增多，这表示社会文明程度在提高。通过设计使问题解决也更加体现了社会的文明与进步。当然只有简便、经济、占据空间小的设计才可能有实用价值。

好的居住环境除了内部提供不同层次的私密性之外，户外也需要保持一定的私密性。中国传统文化中，家与园构成一个不可分割的整体。家是私密空间，园是半私密空间，居住环境的私密空间到公共空间的递变可以从建筑特征明显地反映出来。以北京四合院为例，由房间围合成对外封闭、对内开放的院落。院子的门通过过道对着厢房的山墙，无论独门小院还是深宅大院，站在门外都不可能看到院子内部。

图 5.28　国内公用电话亭　　　　　图 5.29　国外公用电话亭

随着城市居民生活方式的不断改变，价值观念的不断更新，个人需要也在不断发生着变化，对室内空间的私密性层次的要求也越来越高，这就需要设计者不断了解各个阶层和不同文化群体的需求，设计出更符合市场需要的住宅。

5.6.2　室内空间的操作心理

随着社会的进步，人们的经济状况及思想观念的不断变化，人们对居住条件的要求向新颖、宽大、美观这方面发展，这就促使人们不断寻求新的解决手段，以满足不断增长的需要。所以，室内空间也从封闭的、静态的空间发展到动态的、开放的空间，使室内空间变得丰富多彩起来。

设计工作的目的是为人服务，是为人创造合理的生存方式，设计是运用科学技术创造人的生活和工作所需要的物和环境，并使人与物、人与环境、人与社会相互协调，以设计物来适应人的生理特点，满足人的生理需求。人在有组织的空间序列中，空间是随着人的移动而变化的，空间具有客观性和无限性。在环境设计和建筑设计中，空间有内外、虚实之分，存在着远与近、分离与结合等各种关系。人可以利用和改造空间并可以让空间为人的生理需求和精神需求服务，但人的需求存在着差异性，这种需求的差异，也带来了室内空间的差异。

从室内设计的角度来说，室内空间的操作研究主要功用在于通过对于生理和心理的正确认识，使室内环境因素适应人类生活活动的需要，进而达到提高室内环境质量的目标。重心完全放在"人"的上面，而后根据人的体能结构、心理形态和活动需要等综合因素充分应用科学的方法，通过合理的室内空间和家具设施的设计，达到使人在室内活动高效、安全和舒适的目的。

室内空间的组合，是室内空间设计的基础，同样也对人在室内空间操作产生影响。一个房间的空间分隔是各种各样的，可以按其功能作种种处理。随着使用材料的多样化，采用立体的、平面的、相互交叉的，加上采光、照明的光影以及空间曲折、大小等种种手法可产生种类繁多的空间分隔。采用什么样的空间组合方式，要根据建筑的功能要求和空间的特点，更重要的是要考虑人们的操作需要和心理需求。

1．确定空间范围

影响空间大小、形状的因素非常多，但是最主要的因素还是人的活动范围即动作域，它是确定室内空间尺度的重要依据之一，如果说人体尺度是静态的、相对固定的数据，人体动作域的尺度则为动态的，其动态尺度与活动情境状态有关。比如在研究人体尺度与卧室中家具之间的关系是如何影响人的心理感受时，主要研究的是床的一般形式和如何摆设节省空间。假如一个设计人员只注意卧室环境，那么就可能忽视一些基本的人体尺度，如床周围和床底下；床和衣柜之间是否有这样一个适当的距离，它允许抽屉开到最大程度而不影响人的通行；如果注重于观赏卧室外的景色，那么窗台高度对一个躺着的人的视线又有什么影响；在设计多层床铺(图5.30)时，上铺的底面与下铺的表面之间需要多大的距离才能允许人坐直等。

在设计厨房橱柜(图5.31)时，橱柜的高度怎样才不会使使用者操作时出现困难。壁橱的设计中，储藏搁板应该多高人才够得着；梳妆台上面的镜子应该多高才能便于使用，而不至于让使用者觉得操作时感到不便。

图 5.30　上下床

图 5.31　厨房

在设计卧室空间时，不能以设计师自己的人体尺度为参考，应当按人体工学的原理去考虑。例如，在对门洞高度、楼梯通行净高、栏杆扶手高度等设计时，应取男性人体高度的上限，并适当加以人体动态时的余量进行设计；对踏步高度、上搁板或挂钩高度等，应按女性人体的平均高度进行设计。

影响空间大小的另一个因素是家具设备的数量和尺寸。因此，在确定空间范围时，必须了解使用这个空间的人数，每个人需要多少的活动面积而不至于造成不必要的人员拥挤，每个人的操作习惯、空间内有哪些家具设备以及这些家具和设备需要占用多少面积等。

例如在书房的设计中，一间四面墙的房子，巨大的书架和电脑，就构成了所谓的传统书房，虽然在格局及书架的材质方面会特别的讲究，但依然脱离不了传统的范畴。这种自成一统的小世界，已经越来越不能适应现代的开放式空间，我们更需要创造一个随时随地都能舒心阅读的书房。如何打破传统的书房概念，使人们在室内局限的空间内操作自如，并能感觉轻松自在，将书房彻底融入生活，将是设计时考虑的重点，如图5.32所示。

如果书房位于阁楼，可以沿墙壁做几个简易隔板，又或者做一个推拉书柜，既不占用地方，也能轻松收纳你所有的书籍。另外，阁楼里的天窗是很有必要的，既补充光源，也让书籍随时呼吸到新鲜空气，如图5.33所示。

图 5.32　书房1　　　　　　　　　　　　图 5.33　书房2

2．确定室内设施的形体尺度及其使用范围

家具设施是为人所使用的，应以人的形体尺度为主要依据，家具的主要功能是实用，因此，无论是人体家具还是贮存家具都要满足人们的使用要求。在室内设计中，座椅的设计是最常见的，而使用者的舒适问题却往往被人忽略。座椅的主要尺寸数据既要反映人体基本的需要，又要在合理的幅度下追求舒适。在许多场合下，座椅与餐桌、柜台、书桌或各种各样的工作有直接关系，要考虑人在这种环境下不易疲劳。属于人体家具的椅、床等，要让人坐着舒适、书写方便、睡得香甜、安全可靠、减少疲劳感。属于贮存家具的柜、橱、架等，要有适合储存各种衣物的空间，并且便于人们存取。同时，人们为了使用这些家具和设施，其周围必须留有活动和使用的必要空间，使家具设计符合人体的基本尺寸和从事各种活动需要的尺寸，而不至于对心理造成压抑感。

5.7　操作心理与设计

荣格在《本能与无意识》一文中写道："我把无意识定义为所有那些未被意识到的心理现象的总和。这些心理内容可以恰当地称之为'阈下的'——如果我们假定每一种心理内容都必须具有一定的能量值才能被意识到的话。一种意识内容的能量值越是变低，它就越是容易消失在阈下。可见，无意识是所有那些失落的记忆、所有那些仍然微弱得不足以被意识到的心理内容的收容所。"

来自 Stylepark 的一篇文章：Down with the window! And out with your elbow! 文章把这种习惯引到了美国风俗的高度，说这种习惯大约是20世纪50年代被年轻人吹捧的一种文化符号，悠哉悠哉开着车，同其他人打招呼。从文化的角度去解读这种行为，排除这些社会性的因素，这个动作同样也是自然的，因为高度"刚刚好"，这个高度和距离在引诱人将手臂放上去，如图5.34所示。实际上这种由阈下意识对周遭做出的感知并且身体做出的直接反应，时时刻刻都在发生。它与有意识的感知有什么差别呢？意识行为最重要的特征是集中，比如注意力的集中、视力的集中等，集中必然是范围内的，而意识后的行为则更为复杂，而未经过人类智慧思考的对阈下意识做出的反应，通常是自然的行为，更加纯粹。从产品设计的意义上来说，设计师所设计的产品只有达到用户在无意识的情况下就能自然运用、自行操作，才是最有效的设计。

图 5.34　文化符号

5.7.1　盲人概念手机

对于身体有缺陷的使用者而言，产品的尺度问题、操作的便捷度等都是需要特别考量的。例如，卫生间门前如有高度落差，应增加坡道以便轮椅通过；电梯按钮应增设盲文，甚至应考虑电梯坐轮椅者的操作，而对按键的位置加以调整；开发智能型的导盲杖，通过对周边环境的感应以引导视觉障碍者行进。

如图5.33所示，这款由设计师Shikun Su设计的手机摒弃传统手机的屏幕和数字按键，取而代之的是视觉障碍者更加习惯使用的盲人键盘，它可以通过特殊屏幕读取内容，也可以轻松进行输入。使用盲人专用的Braille输入法，具备210个输入点，还具备E-mail功能、电话簿、信息、播放音乐，甚至还可以用来"看"电子书。虽然这款手机还处于概念阶段，但设计者已经开始关注视觉障碍者需要的问题。

这款盲人概念手机按键采用的是电磁机械杆，进行触摸式操作，如图5.36，同时针对手机的电量问题也采用了触觉感应，设计成相应的电量按键，当电量减少时电量按键就会相应减少。也正是因为对视觉障碍者的操作关注才能设计出物尽其用的视觉障碍者手机，既方便了盲人的通信要求，同时也让视觉障碍者在使用手机的过程中能轻松享受，减轻心理负担。

图 5.35　盲人概念手机 1　　　　　　　　　图 5.36　盲人概念手机 2

5.7.2　三合一桌子

　　如图5.37所示，这是由设计师David Koch设计的一个三合一桌子，它是一个设计巧妙的多功能家具，是小空间家居的一种解决方案。你可以毫不费力地进行拆除和组装，无需任何工具，可以在几秒钟内将其变为茶几、书桌或餐桌，如图5.38所示。这种DIY家具可以根据空间的具体情况随意拆卸，操作简单，同时由于零部件少，在组装的时候不会产生心理压力。

　　从操作能力来说，用户能够正确地评价自我能力，就使得使用者的认知、操作、反馈能够顺利进行，因而也达到了设计师的目的。也就是说，使用者在对这款三合一桌子的使用过程中，思维模式与产品的设计相符合，那我们认为这个设计就是合理的。

图 5.37　三合一桌子 1　　　　　　　　　　图 5.38　三合一桌子 2

5.7.3 助起马桶

随着年龄的增长和体质的衰退，即便是蹲下起立等小事都会让老人感觉到双腿备受折磨。为此，设计师们就针对年长人群推出助起马桶，如图5.39所示。它的马桶座可以与底座液压动力杠杆作用，有助于老年人上完厕所后，轻松站起来。

在操作上，马桶上的按键很少，避免了老人对新型产品在心理上产生排斥感，同时操作简单易行，降低了老人在使用时的出错概率，又因为马桶的设计是从老人的心理和生理因素出发的，使得产品满足其设计目的。

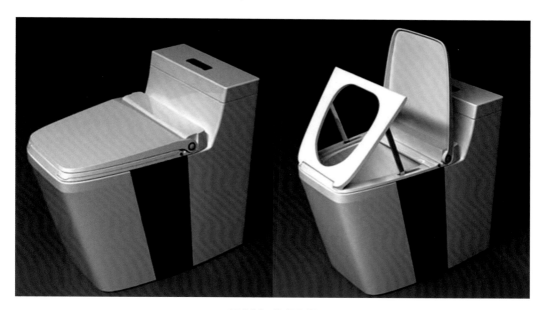

图 5.39　助起马桶

小结

操作是人的最基本的行为能力。要使产品和功能符合人类特性，既满足产品的易操作性，又要使产品可靠。人的生理尺度和操作心理直接决定了操作行为及操作能力。人是所有东西的测量尺度，将人的操作行为纳入到设计心理分析的体系中是科学的、合理的。产品设计的最终指向是人，在人机之间实现了信息交换并完成了对机器的反馈操作后，产品实现其使用价值。操作的安全性、舒适性是工业设计追求的永恒目标之一，也是以人为本设计的根本保障。

习题

1．简述如何从无意识角度出发，设计一个产品。
2．怎样才能使用户思维模式与设计者思维模式相一致？
3．请以iPhone手机为例，分析其操作信息如何与用户交流并反馈。
4．操作心理在室内设计中是如何体现的？

第6章 产品创意心理

　　创新既是设计的目的又是设计的手段，并在设计活动中处于核心地位。创新为工业设计注入了新的生命力，在市场竞争日趋激烈的今天，设计的创造力成为企业取得竞争优势的重要条件之一。创造心理是设计心理的重要组成部分，创新过程中设计师的心理与消费者的心理常常不是一致的。因此，研究设计师的设计创意心理，是把握产品创意符合消费者需求的重要突破口。把握产品创意心理、突破设计思维对于工业设计而言具有较为深远的意义和作用。

6.1 创造与心理

创造活动与心理密切相关，是创造心理的外在表现行为。设计的创新思维是设计的灵魂所在，设计的创造力表现是决定企业是否成功、是否具有长远竞争力的关键因素。

6.1.1 创造及创造力

1. 创造、创造力、创造性思维

创造(creativity)一词在《韦氏大字典》中被解释为"无中生有"(make out of nothing)或"首创"(for the first time)之意，在《辞源》中被肢解为先"创"(意为伤、惩、始等)后"造"(意为建设、制备等)。可见，"创造"在古汉语《辞源》中指打破旧的、构建新的，是两者的统一。

关于创造活动可界定如下："按照本来的意义讲，凡是能给予新的、独创的、有社会价值产物的活动，都叫创造活动。"

创造具有如下一些基本特征：

(1) 首创特征。"无"是创造产生的前提，创造产物应该是前所未有的。

(2) 个体特征。个体特征也称主体特征，即指创造的个体属性。创造、创造力及创造性思维均以个人为主体，但并不代表创造活动无共性可言。

(3) 功利特征。创造产物应该实现其创造的价值、对需求的满足、对社会价值的肯定，使创造活动的出发点和归宿点集结于此。

创造活动的顺利完成依靠创造力，创造力是一种特殊的能力，是在人的心理活动最高水平上实现的综合能力。心理学对创造力给出如下定义：根据一定的目的和任务，运用一切已知信息，开展能动思维活动，产生出某种新颖、独特、有社会或个人价值的产品的智力品质。这里的产品是指以某种形式存在的思维成果，它既可以是一种新概念、新设想、新理论，也可以是一项新技术、新工艺、新产品。

学术界对创造性本质特点的探究主要通过三种方式，即通过对创造行为的分析、对创造主体个性模式的分析、对创造性产品的分析。创造力作为一种心理综合能力，被视为内隐状态；创造性产品是创造活动的产物，是创造力的外显物质形态；新颖性和适当性成为衡量其创造性的两大标准。正如斯坦因(M. Stein)所提出的：创造性导致了某种新颖和结果，这个新的产品是有目的、立之有据的，或令人满意的，代表了一种非同寻常的"飞跃"。

创造性思维不同于一般思维活动，它不仅具有一般思维活动的特征，即对客观事物的本质和规律性的把握，同时还要在此基础上，发挥积极的主观能动性。因此，创造性思维是指主体在探索未知领域的过程中，发挥认识的能动作用，综合运用逻辑和非逻辑的思维方法，为了明确的目标，获得对社会和个人具有较大影响的新成果的思维活动。

苹果公司在1998年推出的苹果电脑iMac G3(图6.1)就是对电子产品产生和发展的内涵进行创造性思考的产物。在电子产品设计和制造领域，为了突显其科技质感，多以现代设计风格为主，秉承包豪斯的现代主义设计传统，多以黑、白、灰等中性色彩为表达语言，体现出冷静、理性的产品设计内涵。iMac的造型语言和色彩设计，从设计心理学的角度满足了消费者深层次的精神文化需求，使消费者的心理为之一振，并豁然开朗起来——原来电脑等高科技产品也可以是彩色的，可以是五彩斑斓的。在现代设计的色彩运用中，融入了设计师和消费者个人的情感、喜好和观念，在设计中赋予更多的意义，让使用者心领神会而备感亲切。iMac系列电脑发展到现在在造型上已经随着时代的改变演变成了极简的高科技风格，在将来，必定还会产生新的审美形式。

图 6.1　苹果电脑 iMac G3

　　创造性思维建立在一般思维之上，又不同于一般思维。人们大多易于把创造性思维与发散性思维等同起来，认为一谈到创造性思维，就是指宽思维广思维，将思维多元化。事实上，发散式思维只是创造性思维的常用思维之一，创造性思维既存在发散式的广度，还存在思维深度。

　　思维广度就是扩大思维范围，增宽思维视野，把对象放在更广阔的背景中加以考察、分析和理解，创造才更有可能性。创造源于发展的需求，社会发展的需求是创造的第一动力，而思维广度在社会思维层面集中表现为思维的求实性，也就是善于发现社会需求，发现人们在理想与现实之间的差距。从满足社会的需求出发，拓展思维的空间。而社会的需求是多方面的，有显性的和隐性的。显性的需求已被世人关注，若再去研究，易步人后尘而难以创新。而隐性的需求则需要创造性的发现。沃尔玛是世界上第一家试用条形码即通用产品码(UPC)技术的折扣零售商。1980年试用，结果收银员效率提高50%，故所有沃尔玛分店都改用条形码系统。在案例教学里，西方很多大学都把沃尔玛视为新技术持续引进的典范。再比如长岭集团，在产品热销时研发无氟冰箱，先行自我淘汰，从而在市场竞争中占有先机。

　　思维深度就是指思维的深入程度，深刻度。哲学认识论中的原因和结果、现象和本质，正是创造性思维的核心所在。如果说思维广度是发散思维，那么思维深度则是集中思维的表征，由此也印证了创造性思维是扩散思维和集中思维的辩证统一。

2．创造力的动态结构

创造力是一种特殊的问题解决的能力，是异于常规的求解之道。个体创造力具有完整的结构模式，这是由物质世界的整体性和统一性决定的。

对创造力结构的划分并无统一标准，当然也存在多种划分依据。如美国心理学家吉尔福特(Guilford)把创造力结构模式建立在智商结构上；艾曼贝尔认为个体的创造力结构应按照个体认知途径进行构建；斯腾博格建立创造力三重结构模式学说等。我国研究创造力理论的专家罗玲玲也对创造力结构进行了深入细致的剖析，将创造力结构分为静态结构和动态结构两种。创造力本质上是一种影响创造活动效率、保证顺利完成创造任务的个性心理特征，美国宾州大学教授罗尔菲尔德提出创造力的八大特征，吉尔福特等人对此进行了进一步的改造和深化，总结出创造力的六个主要特征，即敏感性、流畅性、灵活性、独创性、再定义性和洞察性。从解决问题的行动性角度考虑，就信息加工的观点分析创造力的动态结构成分。

1)发现问题的能力

发现问题的能力是指从外界众多的信息源中，发现自己所需要的、有价值的问题的能力。发现问题和提出问题是创造活动的有效开始。问题就是指"事物的矛盾"，是社会实践活动的预期效果或理想效果与实际效果之间的差距，存在差距就存在问题。手机可以当作电话使用了，通话质量能保证吗？通话质量保证了，可以发短信吗？发短信之后，可以上网吗？可以听音乐吗？可以当作信用卡吗？……问题具有不确定性，能够使思维活跃起来，并从"前反省状态"进入以控制为特征的"后反省状态"，智力活动在状态转换中起着主导作用，但这种理性活动具有试探性。创造个体需要具备敏锐的洞察力和精干的辨别能力，要在实践中有意识地分离出一般问题的信息和创造性问题的信息。

不可忽视的是，创造个体在主体上要有探求欲望和求知意识，要有发现问题的强烈的心理愿望，这就是所谓的内在动机。对生活的热爱，对客观事物的好奇心和探索精神是产生创造欲望的先决条件，所谓"知其然，必知其所以然"，才能有更深入的探求欲。

发现问题是一种能力。这种能力是设计师的基本功之一。设计源于生活，从生活中去发现问题。工业设计不仅仅是造型，而要考虑到更贴近生活，让使用者在使用中得到乐趣和享受，设计师的任务也不仅仅是要美化生活，更确切地说是要去改善生活。那么设计的第一步就应该从发现问题开始。

除了要有强烈且敏锐的问题意识，在发现问题的活动中还必须进行资料收集及整理的工作。发现问题是一个对客观情况进行分析和研究的过程，尤其是对设计群体来讲，设计师主观意识上接收到的客观事物所发出的信息存在感性认识，但设计师更要确保采集到的数据和资料的真实性，所以必须将感性认识转化为科学的、逻辑的理性认识，力求找出事物的内在规律性。正如爱因斯坦强调的：发现问题和系统阐述问题可能要比得到解答更为重要。

2) 明确问题的能力

明确问题就是将获取的新问题纳入主体已有的知识经验中存储起来。创造主体通过收集和整理与问题相关的资料，组建起具有个体差异性质的知识经验库存。如果对这些问题信息采用科学的方式进行编码，并与知识经验相联系，包括问题信息和知识信息在内的整个信息系统就容易由于问题的不确定性而被激活，所有的相关信息能有效地被提取并应用，问题信息始终处于活跃状态去诱发创造者产生灵感。

3) 阐述问题的能力

阐述问题的能力即指用已掌握的知识理解和说明未知问题的能力。问题就是还没有解决的矛盾，阐述问题是指用矛盾分析方法去识别矛盾、分析矛盾，抓住创造客体或创造对象的主要矛盾和矛盾的主要方面，即问题的症结所在。同时，还要对旧有知识和经验进行筛选和过滤，转化为与问题相一致或相关联的新信息。阐述问题是将旧有知识运用联想和想象对新问题进行再理解和再加工的过程。

4) 组织问题的能力

组织问题的能力即指对问题的心理加工和实际操作加工的能力。这是创造活动的关键，直接影响创造成果产生的效率。组织问题的心理加工意指在思维上构建设想模型，要调动创造个体所有的智慧，运用联想、类比等创造多种解决方案的思维形象，并对其进行进一步概括性的修改、完善。思维需要实践做其行为的支撑和验证。"实践是检验真理的唯一标准"，心理加工和实际操作在创造过程中需要相互配合，两者相辅相成，要经历思考、修改、再思考、再修改的复杂过程，才能确保创造成果的可行性和有效性。

5) 输出问题的能力

输出问题的能力是指将解决问题的方案，用文字或非文字的形式呈现出来的能力。是否能将解决方案准确地进行表达和再现是创造力转化成创造成果的有力保障。

6.1.2 创造活动的过程模式

1926年英国心理学家华莱士提出了创造过程的"阶段论"，他提出将创造活动的全过程划分为四个阶段，包括准备阶段、酝酿阶段、明朗阶段和验证阶段。

1. 准备阶段

准备阶段的前提是已经确定了思维目标，明确自己所要解决的问题，掌握矛盾所在，明析问题属性，同时也已经进行了相关资料的收集，创造主体形成对该问题的知识体系。准备阶段不排除创造主体提出问题的初步解决方案，但解决方法并不成熟，正确性不高，确切地说只是一种肤浅的计划或预见。

2. 酝酿阶段

酝酿阶段是思维的过程阶段，在这一阶段中，显性思维——也就是我们可以意识到的自己的思维——处于惰性状态，隐性思维即潜意识处于积极活动期，创造主体主观认为自己的思维几乎停滞不前，问题处于被"搁浅"的境地。这一阶段处于准备阶段和灵感出现之间，是两者的过渡期，也是灵感产生的潜伏期。酝酿阶段既有理性的逻辑思维活动如对信息进行分解重组，反复地剖析、推断、假设等，又有不可被感知的思维活动，如潜意识的参与。

3. 明朗阶段

此阶段也被称为顿悟期或豁朗期，找到问题解决的途径和方法。问题的明朗化有赖于创造主体的灵感思维或顿悟思维，这种思维是潜意识向显意识的瞬间过渡，是突然的、跳跃的和不能预见的。耐克公司的创始人比尔·鲍尔曼，有一天正在吃妻子做的威化饼，感觉特别舒服。于是，他被触动了，如果把跑鞋制成威化饼的样式，会有怎样的效果呢？于是，他就拿着妻子做威化饼的特制铁锅到办公室研究起来，之后，制成了第一双鞋样。这就是有名的耐克鞋的发明。

解决问题的方案既可以依靠直觉、灵感来获取，也可以通过逻辑推理来获得连续的、渐进式的信息。获得的解决方案不一定全部都是正确的，因此需要进一步的验证。

4．验证阶段

验证阶段是保证灵感的思维成果具有可行性的关键阶段，是从思想层面向物质层面或行动层面转化的过程。创造产物的可实施性、可推广性，其社会影响力、存在价值是否符合预定目标，何种方案的创新价值最高，何为最佳方案，都是需要进一步考核和验证的问题所在。

图6.2所示为美国Frog 设计公司(青蛙设计公司)的设计模式，直观体现了设计活动过程所表现的阶段性，从最初提出问题进行的研究到落实专案计划直至批量生产(即进入市场验证阶段)，从静态的问题角度和动态的创造角度阐释了设计这种创造行为的过程。

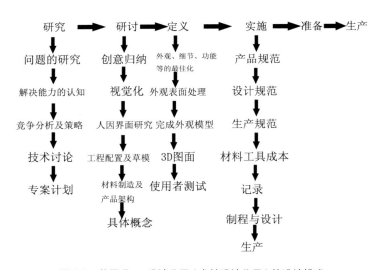

图 6.2　美国 Frog 设计公司（青蛙设计公司）的设计模式

6.2　设计师的创造欲望

设计行业本身就是创造性的行业，设计的从无到有，从有到优，从优到精的过程无不体现了设计师的创造本质。设计的主题很多，市场、用户、社会需求、技术突破、文化革新等都可成为设计的突破口。

6.2.1 创造与需要

1. 行为满足（行为水平的设计）

美国认知心理学家唐纳德·诺曼将设计分为三类：本能(visceral)层设计、行为(behavior)层设计、反思(reflective)层设计。前两种层面上的设计主要是针对工业产品设计，优秀的行为水平的设计应该是以人为中心的，把重点放在理解和满足使用产品的人的需要上。当然行为水平的设计主要是针对在操作过程中的产品的功效性，即操作的功能和操作效率。设计师应该清楚怎样才能达到预期目的。就行为满足而言，安全性是前提，实用性是基础。

1) 设计的安全性

安全性是操作的基础，设计成果的安全性是其经济性、可靠性、操作性和先进性的综合反映，是设计实现其经济目的的前提条件。设计中的安全化过程，既需要设计中的专业技术知识，又需要相关的安全技术知识，产品如果存在安全隐患，就会直接危及产品的使用者，对人构成伤害或存在伤害可能的产品都是不符合设计原则的。

2) 设计的实用性

设计应当符合人类不同实际活动的需要，为人们提供舒适方便的使用"环境"，保证使用目的的实现并不会引起歧义。当然，在强调设计的实用性特点时，不可忽视的是设计的通用性。对于产品和环境的考虑应该是尽最大可能面向所有的使用者，而不该为一些特殊的情况做出较为勉强的作品。设计的最大限度应该是满足不同层面的使用者的共同要求。因此，通用设计也被称为全民设计，它所传达的意思是：如果能被功能有障碍的人使用，就更能被所有的人使用。也就是说，通用设计是一种包容性设计(inclusive design)，这种包容性是设计应具备人文关怀思想的体现，是社会群体之间相互关爱的有力表达手段。

20世纪50年代，人们开始关注残障问题，并在日本、欧洲及美国首先提出"无障碍空间设计"(barrier-free design)。70年代，欧洲开始采用"广泛设计"(accessible design)的概念，旨在解决行动不便人士在生活环境中的所有需求，而不仅仅只是产品。1987年，美国设计师朗·麦斯(Ron Mace)开始普及"通用设计"(universal design)一词，但他比较倾向于"全民设计"这种说法，他认为"全民设计"应该是一个目标和设计方向，设计师要努力做到在每项设计中加入各种特点，让它们能被更多人理解和使用，并在约10年之后制订了"全民设计"的原则。

如图6.3所示，RECARO汽车安全座椅在保证座椅舒适度的同时，充分考虑到包括婴幼儿群体的不同年龄段儿童的安全问题，使用可吸收外界冲击力的特殊材料制成宽大结实的侧边护栏，胸部和头部有能量吸收器，以吸收外界冲击力。座椅自配安全带三挡可调，适合于不同身高的儿童使用，同时座位倾斜度调节可单手操作。Recaro 运动版儿童汽车安全座椅可以随意调节适用于9个月到12岁的孩子，0~4岁孩子可以用肩带式的安全固定，4~12岁孩子可以收起双肩带使用安全带固定，其良好的功能通用特点使其被称为万能座椅。

图 6.3　RECARO 汽车安全座椅

2．技术进步

技术进步是工业设计发展的前提和基础，就产品设计而言，科技的发展促使产品不断更新换代，更新了人们的审美观念，同时也极大地改变了设计手段和设计程序，使设计观念发生革命性的转变。计算机的诞生标志着设计开辟出另一崭新领域，并行的设计系统结构应运而生，设计、工程分析与制造的三位一体化使设计师的道德意识、团队意识以及知识结构的调整都面临新的挑战。

技术进步必然牵动产品设计的创新，大致分为以下三种类型：

(1) 全新产品，在设计中也称为原创型设计创新。全新产品的开发主要是针对设计概念的开发和技术研发。这种产品设计与开发周期较长，承担的风险也较大，但新产品研发的成功也会伴随巨大的经济效益，开辟出一个全新的市场领域。这种对市场份额的占领几乎是垄断性的，所以才诱使企业尤其是电子消费品类生产商聚焦于此。

氟树脂的发明，由于其优异的热性能、易清洁、不粘油、无毒等特征，就出现了像"不粘锅"及易清洁的脱排油烟机等新产品的问世。自从发现了高温超导陶瓷以后，世界上又成功地研究了超导磁体，并利用超导磁体的性能，研制成功了高速超导磁悬浮列车，车速每小时可达500~600千米。

科技进步是促使新产品出现、老产品退出历史舞台的最终决定因素，企业的投入在长远眼光和正确预测指导下会带来巨大的利益回报。相反，固守只会使企业缺乏竞争力，最终破坏企业实力甚至带来毁灭性的灾难。然而，我们在惊叹基于新技术的产品开发在社会生活中掀起革命性风暴的同时，往往忽略掉了"第一次"的产品往往只是聚焦于工程技术方面的需求，用户的生理体验和心理体验被忽视了。技术的革新解决了特定的时代问题，却也产生了新的需求问题，由此引发产品改良。

(2) 现有产品的改良和发展，也叫次生型设计创新。产品改良设计是对原有传统的产品进行优化、充实和改进的再开发设计，是一种纵向发展模式，目的是使产品克服既存问题，趋于性能完整和完善。改良设计包含的内容较多，如功能性改良，人因价值的改良，人机工程学的改良，或者是形态或色彩方面的改良等，这种改良设计是建立在原有产品被受众认可的优良功能基础之上的。眼镜放置在桌面上时常因镜片与桌面的摩擦使镜面划伤或出现影响视觉的划痕，这种生活中经常出现的不方便使得眼镜用户一度非常苦恼。如

图6.4所示的防划痕眼镜的镜架上有两个"腿",当用户把眼镜架折起来时,它们会支起来,对镜片形成保护,因此再也不必为镜面划痕而徒增烦恼了。

(3) 产品的联盟与合并。这是一种横向联合的过程,通过设计和制造系统的整合达到创建新产品的目的。经济的全球化必然带来企业生产和制造机制的改变,效益、效率、市场份额在遍布全球的各分散点的合力"组装"过程中孕育而生。一个专门生产汽车的企业可以同时在几十个国家生产其零部件,使每个生产单位得以充分发挥其内在优势,产生明显的技术和竞争优势。我们可以肯定和预见的是,"世界工厂"已经在信息时代安家落户了。

图 6.4　防划痕眼镜

3．流行、从众

流行,是指一个时期内在社会上流传很广,盛行一时的大众心理现象和社会行为。流行与从众均属于社会行为。在设计领域中研究流行心态常常涉及许多学科,如社会文化学、历史学、民俗学等。但是在设计心理中研究流行现象是设计心理学作为应用心理学存在的内容之一。流行与市场以及文化等紧密相连,这种社会导向性质的设计,与资源导向性质的设计相对,成为设计师构思专案的必需渠道。

流行是多个社会成员对某一事物的崇尚和追求,所以流行具有群体性,但它却是一种以个人方式展现的社会群体心理,因此也具有个体性。

新奇性是流行三大特征的首要特征,也是最显著、最核心的特征。设计师通过创造反映时代特色的新奇来满足人们的求异心理。新奇具有时空属性,与传统风格不同的新奇具有时间属性,与社会其他个体的不同具有空间属性。通过时间属性创造的新奇感会带来空间上的创新,复古风就是其中一例。比如,复古的唐装会使现代着装群体眼前为之一亮,并开始寻找唐装独特的典雅、端庄和高贵之美。

不论设计师是怀旧的传统派还是前卫的先锋派,其创作出发点都是对受众求新、求异心理的捕捉。设计具有极强的社会属性,设计活动需要服从于社会机制。流行的强烈的暗示性和感染性会将群体的引导性或压力施加在个人的观念与行为上,使个人向多数人一致的行为方向变化,从而产生相一致的消费倾向。这种从众心理带来的直接后果就是从众消费行为。人们对名牌店、品牌商品的热衷,对明星的效仿都是从众心理的直观表现。同时，个体之间也会相互作用和影响，使"感染"群体中的个体行为表现出相对的同一性或共性。流行不能以理性去揣度，不过，它具有自己的生命和存在的理由。设计师应该具备获取并及时调整和引导流行诱因的能力，对公众的求异心理及行为倾向进行深度剖析，即时捕捉创新元素，并借助于一定的传播媒介引导公众共同创造流行。

单纯的绝对从众行为又称为追随性从众，具有一定的盲目性。现代设计所针对的从众并非指此，而是指竞争性从众，即在共同规范和文化习俗的基础上追求个性和独创性。流行在本质上就是一种不断追求变化的循环过程，流行具有周期性。在具有一定新式样的创造物投放市场后，会在一段时间引起消费者的新奇感和兴趣。这种新鲜感会随着人们对它的适应逐渐减弱，适应的直接后果往往是习惯到"视而不见"的程度，甚至产生厌倦心理。厌倦心理的产生并非偶然，当享用者对于刺激逐渐丧失敏感性，也就是说，当他们的感知、情绪、思维等出现对刺激效能的敏感度降低的趋势时，必然会引起心理适应并达到极限，厌倦心理随之产生。厌倦心理对设计师来说既是机遇又是挑战，这种心理情绪的产生表明人们需要新的刺激物，这是对新的设计的一种隐性需求，是设计创新的又一突破口。它提醒设计师需要通过在创意和推陈出新当中再一次引起受众的兴趣和喜爱。当然，这种反复挑战受众感官接受与否的设计行为是比较有难度的。

图6.5和图6.6所示为著名的卢浮宫正门入口，建筑的设计者就是著名的美籍华人建筑师贝聿铭。贝聿铭设计建造的玻璃金字塔，高21米，底宽30米，4个侧面由673块菱形玻璃拼组而成，总平面面积约2000平方米，塔身总质量为200吨，其中玻璃净重105吨，金属支架仅有95吨。换言之，支架的负荷超过了它自身的重量，因此行家们认为，这座玻璃金字塔不仅是体现现代艺术风格的佳作，也是运用现代科学技术的独特尝试。他在建筑中借用古埃及的金字塔造型，采用了玻璃材料，金字塔不仅表面面积小，可以反映巴黎不断变化的天空，还为地下设施提供了良好的采光，创造性地解决了把古老宫殿改造成现代化美术馆的一系列难题，取得极大成功，享誉世界。这样的建筑很难引起观赏者的视觉疲劳，它充满了无限的新奇和美感。正如贝氏所称："它预示将来，从而使卢浮宫达到完美。"

图6.5　卢浮宫入口

图6.6　卢浮宫全景

4．形式个性

流行产生的新奇、刺激效应会在人们的适应、习惯心理之中日渐势弱，人们的心理厌倦是不可消除的，这在某种程度上会让设计师感到沮丧，但它却客观地表明受众的接受水平在改变，也许这种改变未必是线性的、直线上升的，但纵观历史，我们该意识到大众的认知和审美水平最终会呈现上升趋势，继而向新的突破迈进。从众现象表明审美的社会属性，但审美个性更要引起设计师的足够重视。现代设计的情感化特征导致了市场更加明确的细分，个体的认知差异和审美差异、文化价值差异被提到前所未有的高度，这就要求现代设计产物的形式语言也要与之同步。

强烈的视觉张力在平面设计、广告设计、招贴设计等设计中是与受众"交流"的奠基石和"敲门砖"，设计需要吸引人们的注意力，这是不容置疑的。

图6.7所示为2005年中国台湾国际海报设计奖评审特别奖作品(瑞士)，作者运用渐变构成的效果增强了视觉冲击力，强化视觉刺激性和新鲜感。

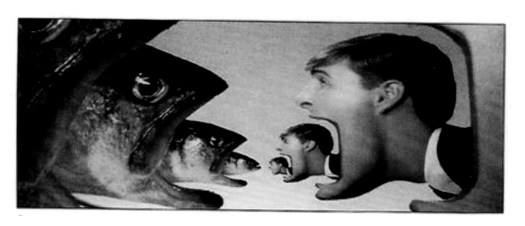

图 6.7　招贴设计之渐变

产品与其设计目的、意图等内在因素相适应的那些外部形式特点的综合，就是我们所说的设计的形式个性。设计的形式个性主要立足于其表现性，在设计产物中表现为设计的艺术性。设计的表现不可避免地与审美直接相关，但其不同于纯艺术的艺术表现，它是在实用、经济、材料、科技等客观要求制约下表现出的艺术性，是在标准化前提下从美学、心理学角度解决多元化问题。美国著名未来学家奈斯比特提出"技术越高级，情感反应也就越强烈。"他说人类社会在不久的将来(其实也已经实现)必将发展成"从强迫性技术向高技术与高情感相平衡的转变。"设计师越来越充分意识到设计的个性化需求的必然性和不可逆转性。

图6.8所示为西门子七部概念手机作品中最杰出的一个。设计灵感来源于蛇，然而完全没有冷血动物的那种让人敬而远之的感觉，时尚的流线造型与科技感极强的按键设计，让人看后过目不忘，更有种想尽快拥有的欲望。同样是概念设计，却运用了不同的表现形式。图6.9中汤勺般的概念设计表明，形式游戏的规则是多样的，可以绚烂，可以沉重，让你尽显创造本性。

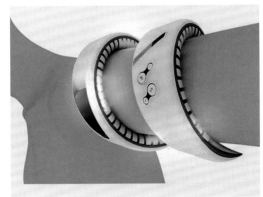

图 6.8 西门子概念手机 A

设计的形式个性是一个合成过程，是上述限制因素与设计师主观条件(审美认知、文化内涵、设计思想及个人情趣等)相协调和制约的产物。形式个性与设计师个体的直接相关性决定了设计往往具有独特的情趣和审美倾向，有时甚至是诙谐的、幽默的。也许这就是设计存在风格的本质条件，它深深地打上了设计师、设计环境、设计国度的烙印。这种异己的特质有可能深深地打动观者，使之在情绪上做出反应。

由Ron Arad设计，意大利MOROSO公司制造的The big单人坐椅(图6.10)充满了童趣，鲜艳的颜色，夸张的造型，富有想象力。图6.11所示为意大利设计师Patricia Urquiola设计的Lazy系列单人坐椅中的产品之一，以金属为支架，采用一种或两种高纯度色彩，绚丽鲜艳，非常引人注目。

图 6.9 西门子概念手机 B

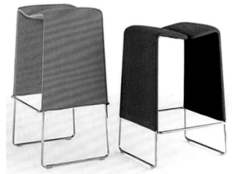

图 6.10 The big 单人座椅　　　　图 6.11 Lazy 系列单人座椅

6.2.2 创造与情感

情感是全身心投入的流露，托尔斯泰说过："我们的创作没有激情是不成的。一切作品要写得好，它就应当是作者心灵里唱出来的歌。"情感上的共鸣使感受者和作品创造者融洽地结合在一起，以致感受者觉得艺术作品所表达的一切正是他很早就想表达的，是感受者心声的外现。设计师将人类特有的情感转化为有形产品,这种产品并非特指工业产品或艺术品,一切物质世界客观存在的、通过一定的维度(二维、三维、四维)表现出来的物质实体都可以成为设计师创造的载体,并且是有意义的载体。

1. 隐喻

"隐喻"(metaphor)本出自希腊语,第一个明确谈及"隐喻"的是古希腊的亚里士多德(Aristotle, 公元前384年—公元前322年),恩斯特·卡西尔进一步发展了对隐喻的理解,指出隐喻包含着一种创造的意蕴,是一种意义生成过程。隐喻不再仅仅只是一种语言学中的修辞方式,更成为被重新认知的另一种思维方式,由此及彼、由表及里的描绘未知事物,新的关系,新的事物,新的观念,新的语言表达方式由此而来。

心理学隐喻的存在并非偶然,精确性、客观性和明确性的逻辑思维和科技理性一直统治着心理学科学的发展,然而心理学不仅仅只停留在可感知的心理现象层面上,其自然属性的强大化并不能阻碍对其社会属性和人文属性的深度挖掘和探讨。心理现象可以用标准的逻辑语言表述,而心理生活却不可直接进行理性描述。心理生活世界中的情感、认知、知觉等已是不可忽视的心理学研究对象,不论是针对研究者还是被研究者,这种认知、情感是人类直接体现其内心现实的一种心理属性,是心理学研究的基础,同时也是设计心理学研究的不可或缺的前提和基本条件。

David Dunster 与 Umbert Eco 首先在建筑领域提出建筑符号包括外延意指(Denotation)和内涵意指(Connotation)两层意义。如果对设计领域进行深度思考,会发现各类型的设计同样适用其思想。

产品外延意指即产品表达其使用机能时所借助的形态原则或事物。符号的外延即符号与其代表、指示的事物之间的关系。在产品设计的过程中,设计者常以产品使用机能性为依据,运用某些与该机能相关的形态或事物,使作为符号载体的产品所指示的功能具体化、物质化。外延意指表现的是直观的、理性的、具有确定性的外显式信息,产品的结构、功能、操作、人机界面等,平面中的构成要素、色彩、比例等,建筑、景观等的格局、构成要素尺度等,都直观地表明设计的显性含义,直接说明设计的具象信息。

与产品外延意指相对,产品内涵意指即指产品作为一种信息的载体,在表达其物质机能的同时,也在一定时间、地域、场合条件下,对解码者呈现出一定的属性和意义。在符号系统中,符合内涵是精神的法则、规律,思维上认知、联想的一部分。产品设计中,常以编码者传播、解码者认知的需求,赋予产品特定的属性。内涵意指传递的是一种感性的,具有不确定性的信息,需要通过人类特有的认知系统来发掘其超出具象物质内容的信息。它是一种"弦外之音",需要参观者的主观精神参与,由于个体存在主观能动性的差异,因此内涵意指具有无限性、开放性和动态性,也就是我们通常所说的"只可意会,不可言传。"图6.12所示为表达中西方文化相互碰撞主题思想的

图 6.12　表达内涵性语意的招贴设计

优秀招贴作品之一，糖葫芦作为中国饮食文化的代表符号，与作为西方饮食文化的麦当劳符号同时出现在画面之中，通过虚实、远近、大小等对比，强烈地表达了西方文化在当代社会对年轻群体的冲击，引发我们对于如何保护传统文化和民族文化，吸收和借鉴外来文化做出深刻的思考。

设计中的隐喻穿过表面具象形态，直接指向深层内涵。诺曼将产品设计分为三个层次，即本能水平的设计、行为水平的设计和反思水平的设计，其中反思水平的设计源于感性的互动与沟通，同时对文化意义的再认识赋予产品功能设计要素以外的附加价值，强化了主体情感、主体精神的意识。我们可以在诺曼观点的基础上将其适用范围扩大至各类型的设计，将隐喻泛化为设计的情感性、主体个性、民族性、文化性、社会性。

隐喻无时不在，无处不在，尽管不能用定量方式来测量，也不能用严密的逻辑来推理它，但却不能否认其客观存在性，且具有的独特的创造性。隐喻根深蒂固地存在于人们的日常生活中，它们以一种浅显的道理支持和架构着人们日常生活中深刻的"道"或"理念"，隐喻不仅仅是一种意义转化，更是一种意义创造。现代设计中，形态设计要素不仅具有外显性，其内隐性，即内涵性意义更成为现代设计追逐的精神品质，设计体验诠释着观赏者和使用者的自我形象、社会地位，其深层感悟往往标志着一定的社会意义及历史文化，顾客让渡价值成为设计创意的一大卖点，企业从市场利益出发，对此非功能性的额外满足进行深度挖掘并逐步完善开发机制。显而易见，这种"意义创造"就是对事物另外视角的深层次的观察、理解和探求，就是对设计物的情感属性的深度剖析，寓情于物，在消费者中引起思想和情感的共鸣。

隐喻是一种内在真实体验的表达，尽管这种表达性不像逻辑语言般清晰明朗。它是人类表达心声、释放灵魂、创造物质世界的根基和直接动因之一。所以，隐喻必然具有人类的另一属性特征——社会性。如果我们把以上关于隐喻中的情感体验作为个体的情感特征来阐述，

如图6.13所示，隐喻的社会性即表明人类的共同社会性质，其社会性也成为设计的成因之一，这就允许我们用设计的社会性来透视心理学中隐喻的社会性，也就是说，设计在某一层面上反映了当代社会现状。

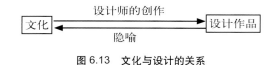

图 6.13　文化与设计的关系

2．文化情结

创造在心理学中被视为一种心理活动，是对问题情境的思考萌生过程的阐释。创造离不开思维，离不开思维主体——人。创造与人的独立性息息相关，人的性格、智力、意志等都将深刻影响着人的创造机制。人的社会属性表现为非自然因素对人产生的影响，其中，心理学的文化因素是人性特质形成和创造行为的决定因素之一。

设计本身就是一种文化，同时也创造着新的文化。设计师通过其自身的创造活动——设计，将文化特性具象化、实体化。设计与文化在各民族发展历程中从来都是同步前进的。设计师已经充分意识到，文化是设计的灵魂，是设计的隐性语言之一，优秀的设计总

是体现着文化精神，民族、地域的文化特色成为设计师创意的一大价值体现。设计师所从事的设计行为是一种文化创造行为，文化与设计关系的紧密程度好像是"根与植物"的关系或"地基与高楼"的关系。通常优秀的设计作品不仅具有简单明了的外在形式，而且一定蕴含了深层的文化内涵。

图6.14所示为中国传统元素在现代生活中的产品设计与应用。传统形态作为历史留下的图形元素符号构成部分之一，不仅仅是作为一种具象的形态符号，同时也代表着特定民族，特定区域及特定群体的审美意识，这种具有象征意义的形态符号元素，应用在产品设计中便成为民族性设计，产品则映射的是一种巨大而丰富的民族文化。

图 6.14 传统元素在现代设计中的应用

对于传统形态符号的应用，大致可以分为两类。一类是与现实事物具有直接对应关系的形态符号，如来源于自然形态的植物纹样等。这类传统形态符号具有一定的写实特征，符号形态来源于对现实具象事物的模仿，是通过"形象相似"来表达符号意义的。比如NOKIA7360的主要卖点就是华美的皮质感材料和雅致的金属花纹，设计师给它披上了一件前所未有的充满中国复古情怀的传统形态图案雕饰，古风古貌的外衣具有独特的典雅、端庄和高贵之美。另外，还存在着一类传统形态元素，这类形态符号完全由抽象的几何形态构成，这类符号具有典型的象征性含义，是传统符号中不可或缺的组成部分。传统抽象符号的典型代表是太极图案。如2006年IF大奖赛中的获奖作品中，有一款名为"如意球"的产品设计，专门为提高运动灵活度群体而设计，它的形态就是从协调、对称、循环的"太极"精神出发，透过中国"如意"线条的表现，经由如意球的游戏过程，提升使用者的动作灵活度。

文化存在地域差异性，文化的地域性决定了设计的地域性，所谓本土文化，就是指个人或团体在成长历程中足以影响其知觉、思维、价值观等形成的文化环境。设计师通过创造设计符号传达其本土文化，也就是我们熟知的民族文化。民族文化、传统文化开启了创意之源，开启了设计师的智慧，开启了设计师的情感之门。当然，包含民族观念和民族精神的设计符号同样会使不同文化背景的信息接受者震撼，在剥离了元素与符号以及造型风格之后的传统，已无法让我们再依赖它的外部表象了，但剥离后显露了我们更深层次利用的精髓，这就是我们常说的观念和精神，也许利用它表现你的设计，丝毫没有传统的影子，但细细品味之后，一股由内而外的渲染力会让你变得激动不已，只有民族的才是世界的。

图6.15所示为靳埭强的平面设计作品，他主张把中国传统文化的精髓融入西方现代设计的理念。靳埭强强调这种相融并不是简单相加，而是在对中国文化深刻理解上的融合。中国银行的标志，整体简洁流畅，极富时代感，标志内又包含了中国古钱，暗合天圆地方之意。中间一个巧妙的"中"字凸现中国银行的招牌。这个标志可谓是靳埭强融贯东西方理念的经典之作。"中"字代表中国，古钱币代表银行业，中线象征联系，外圆象征全球发展，简洁的现代造型，表现了中国资本、银行服务，现代国际化的主题。

设计的实质是创造一种更健康、更崭新的生活方式，是一个将抽象概念转化为具象美感实物的过程。在理念物化的过程中，设计师将"终端"客户(设计享用者)与文化联系在一起，当然，这种互动和沟通的过程能否成功进行，取决于设计师的文化情感能否在客观物质世界中被很好地激发。设计师的文化背景深刻地影响着设计行为，也直接影响着设计元素的组合架构。很多的设计作品都是由于设计师的情感和灵魂被伟大的民族文化深深吸引和震撼，进而将这种对文化的依附情感通过设计符号传达给最终的设计享用者。文化承载着设计师的文化情结，并通过设计符号完成传递过程。

图 6.15　中国银行标志

中华民族五千多年的历史，不仅拥有优秀的造型艺术累积，也有着优秀的文化传统。中华民族特有的传统文化是我们开发现代文化和现代设计的巨大资源和宝贵财富。设计师更需要真正理解和消化博大的传统艺术，追根寻源地把握传统文化的精神内核并将其融入我们的产品设计之中，在重新整合的基础上注入新的形态艺术元素，以创造出更具民族精神和美感的优秀设计。一件产品如果要更贴切反映时代或引领时尚，必须以传统文化为源点，清晰了解其来龙去脉，并预测其趋势走向。民族文脉为设计提供丰富的源泉，从民族文化中撷取创意元素定会给用户带来意外的惊喜。

复古是找寻风格的捷径。"复古"就是整体或局部模仿过去时代的样式或组合方式。20世纪五六十年代，在我国大城市出现的大屋顶式建筑，就是模仿中国古典样式的建筑。

设计史告诉我们，"复古"的潮流并不是在设计发展过程中的倒退，精神观念在流行过程中总是会呈现出一定的反复和轮回。然而这种轮回并不是简单的、绝对的重复，是在新的环境中以设计师的审美和认知倾向对过去的式样进行再度审视。正如美国设计史学家费雷比指出的那样："现在的一代人探寻、吸收早期的式样并对它们进行分类，从而创造出表现他们独特的生活经验的新式样。"图6.16～图6.18所示为复古风格的几个例子。

图 6.16   复古家居设计

图 6.17   中国传统文化设计

图 6.18   德国设计师 Hannes Grebin 设计的复古客厅沙发

设计师的复古设计风格出于以下动机：一是追求与众不同。前代人与当代人在审美趣味上存在的差异有可能成为激发好奇心及热情的索引，于是重新回顾流金岁月也许会带来意想不到的效果，古风古貌成为设计师们的创意关注点和效仿主题。二是重新分析审视。这与哲学中的认识论是相符的，当然，这种认识过程是前进的、上升的，是一种"波浪式"或"螺旋式"的发展。曾经的造物要素再度出现在受众面前时，这种似曾相识之感恰好可以充当引起注意激发认同心理的客观条件。将传统融入现代，在两者之间寻求平衡点使设计师不断向着创新的方向迈进。

6.2.3　创造与潜意识

人脑接收信息分为有意识和无意识两种方式，两者都是心理智能活动。有意识的接收是指有知觉地接受外在刺激并获取信息，同样，无意识的接收则是指在不知不觉的情况下对信息的获取。著名心理学家弗洛伊德曾经用"海上冰山"来形容意识和潜意识的关系，两者之间似乎界限分明，这个界限就是"意识阈"。与较明显的认知世界的意识相对，潜意识是隐藏在人的大脑深层的各种奇妙的心理智能活动，是人类具备但却似乎忘记了的自身能力，换句话说，是未被开发和利用的能力。

潜意识思维主要指的是直觉思维和灵感思维。直觉与灵感在艺术创作和科学研究等活动中具有重要意义和作用。设计本质作为一种创造性活动，虽然不能等同于艺术创作活动那样以感性为主导，也不能像科学研究那样严格以逻辑分析作为活动准则，但设计的形象生成，设计问题的求解，都离不开灵感在特定瞬间的爆发，灵感是设计者创新欲望的"喷射口"。

俄国心理学家柯·柯·普拉图诺夫对灵感做出如下定义："灵感是一个人在创造性工作进程中能力的高涨，它以心理的明晰性为其特征，同时是一连串思想，以及迅速与高度有成效的思维相联系的。"由此可见，灵感具有突发性，是突发式的顿悟，灵感的到来和消失是不可预见的，不为人的意志和意识所控制。灵感具有创造性。灵感作为一种思想意识的飞跃，它将感性认识(储存在头脑中的感性材料)直接转化为理性认识，使潜伏于"冰山"下的潜意识迅速"浮出水面"，转化为显性意识，通过将潜意识中的信息进行解构组合，迅速以一种异常思维模式拼接成载有新信息和新概念的形象或意象。

1826年7月的一天下午，音乐家舒伯特与友人在维也纳郊外散步。归途中到一家饭馆就餐。进餐馆后见一友人已在餐厅就座，便邀舒伯特一同就餐。在等待饭菜的短暂时间中随手翻阅友人手中的一本诗集。突然，他被一首诗吸引，乐兴在胸中涌起，像大海的怒涛不能自已，可惜找不到谱纸，情急之下便在菜单的背面，在饭店嘈杂喧嚣声中，不到20分钟就谱就了世界名曲《听哪，云雀！》。

赫尔巴特指出："一个观念若要由一个完全被压抑的状态进入一个现实观念的状态，便须跨过一道界限……"这个界限就是我们提到过的意识阈。越过了意识阈这个分界线，潜在认识和思维就可以转为可感知的认识，即被认知。当然，意识观念也可转化潜意识。设计师在提出问题、分析问题的过程中，常常苦于不能寻求问题解决的最终方案。尽管在不断地搜寻、整理、运用整合个体意识领域中的材料，充分运用意识中形象思维和抽象思维，但都无法完成任务，达到预期目的。意识中的双思维此时会在设计师无法感知的情况下与潜意识中的灵感思维相联合，灵感思维开始继续"工作"。灵感思维模式与意识中的思维存在很大差别，它是对感性和理性材料的"另类"加工和分析综合。当意识感知到某"触媒"（不论是外触媒还是内触媒），获取该触媒(也许可以比喻为"催化剂")的本质特征，并与潜意识灵感思维中加工的信息产生一致性时，灵感思维的"工作成果"便跃然脑中，灵感活动基本完成。

灵感是种奇妙的、具有强大创造力的心理现象，同时具有强大的探索和开发功能。激发灵感首先需要构建、丰富并完善自己的信息系统，积累知识和生活经验作为信息储备。这是灵感产生的基础。黑格尔对此曾说过："最大的天才尽管朝朝暮暮躺在青草地上，让微风吹来，眼望着天空，温柔的灵感也始终不光顾他。"构建自己的知识体系和信息结构对设计师来说是至关重要的，这不仅涉及灵感的产生、创意的爆发，还关系到设计能力、技巧和个人品格的完善。

信息、源文化统称为"现有素材"。敏锐的观察力、执着的思索、平时的关注在大脑里早已进行了分解、整合、重组，成为一种潜意识，是奇珍异宝。一旦设计时，它们就会源源不断地被激发出来，厚积薄发，成为属于设计师自己的宝贵财富。例如，图6.19所示的设计即为一款从传统文化中获取灵感的取暖器。设计者从传统的灯笼中获取灵感素材，在传统中，灯笼代表温暖、光明，将这个形象和取暖器结合起来正好能在潜意识中给人取暖的暗示，符合设计的情感需求。

图6.19　从灯笼中获取灵感的取暖器设计

6.2.4　创造个体的优秀品质

优秀的设计作品源于设计师具有"良好的心态＋冷静的思考＋绝对的自信＋深厚的文化"。

1．知识素养

创造力是一种综合能力，尽管创造过程是一个思维过程，但离不开创造个体知识的积累和知识结构的性质。设计师的素养，就是指从事现代设计职业和承担起相应的工作任务所应当具有的知识技能及其所达到的一定水平，是一种能力要求。

现代设计由于受到多种因素限制，无论是哪种类型的设计师，都必须遵循一定的设计规律，设计不可能像艺术创作一样不受束缚，设计是在"框架"中的游弋，是规则中的"再创造"。

设计师的知识结构划分为如下三个层次：

（1）一般文化科学知识。其中包括必要的人文社会科学，自然科学知识和基本的哲学知识。具体指的是哲学、社会学、经济学、心理学、美学、艺术学、伦理学、语言学、数学、物理学、生态学、信息科学和系统论。当然，设计师每一门学科要达到精通的程度是不现实的。比如对于平面设计师来说，物理学是不必要的。美学、艺术学、伦理学和语言学是必需的，其中，美学、艺术学用来提升设计师的审美能力和引导审美价

图 6.20　靳埭强招贴作品

值；语言学具有使设计师明确表达其设计概念及相关设计要素的作用；伦理学有助于塑造设计师的人格修养，正所谓"先行其形，后练其品"。设计师具有高尚的职业道德和职业操守与设计师人格的完善有很大的关系，在某种程度决定了一个设计师的水平。众所周知，真正的设计大师的文化品位是建立在对博大的民族文化和传统文化的深邃理解的基础上的，图6.20所示为华人设计师靳埭强的代表作品之一。靳埭强对中国传统文化的理解是非常精深的，他主张把中国传统文化的精髓融入西方现代设计理念中去，而这种相融并不是简单相加，而是在对中国文化深刻理解基础上的融合。

(2) 专业基础知识。专业基础知识修养主要指设计理论、设计史、设计相关的基本美学知识及训练。设计师通过掌握设计相关理论知识和了解设计史，明晰设计发展脉络并掌握设计发展规律，有助于设计师养成良好的思维方式并可对未来设计做出正确的预测。通过基础的美学训练修建设计师自身的"知识平台"。

(3) 设计专业知识。与以上两知识层次相比，这是针对具体设计类型设置的具有针对性和专业性的学科知识。这些知识基本上反映了各类型设计的技能要求和本质属性，是设计门类的核心知识。

各层面的学科知识之间是相辅相成的，并无严格的界限。设计本是综合性边缘学科，对各层面知识的要求都是必要的，但应注意灵活运用，有主有辅。

2．设计能力

设计能力并不是一种单一的能力，而是多项能力相结合并相互作用所呈现出的综合性能力。设计师除了应该具备完成大多数行为所需要的基本能力(如记忆、思维、想象、理解等)之外，还需要具备一些与设计直接相关的专业化能力。

(1) 观察和理解的能力。需要指出的是，这种观察和理解能力不同于基本能力中的观察和理解，是针对设计客体所进行的深入的剖析、理解能力，是掌握相关构成要素及概括的能力。这种观察和理解能力是发现问题必备的能力之一，是设计探源的基础，对设计师来说，这是感性思维和理性思维相结合的阶段，需要设计师有敏锐的洞察力、识别并过滤有价值信息的能力和善于接受的品质。信息时代的设计平台早已建立并逐步完善，无论对哪个国度的设计人员而言，都可以在第一时间内，与世界顶级设计师们享受同样的信息资源。各种媒体、杂志、互联网、论坛、讲座、展览……每分每秒提供着迅疾的信息。面对如此眼花缭乱的世界，设计师一定要具备及时准确地过滤出有效信息的能力，尤其要有自己精辟、独到、敏锐的眼光。

(2) 创造能力。每一次真正意义上的设计活动都应该是一次创造活动，哪怕是局部改良或创新。

(3) 分析和解决问题的能力。对设计中出现的问题能够给予理性分析，并捕捉到问题的实质和难点所在。一般而言，理性思维主导分析问题和解决问题的整个过程，寻求问题的解决方案也许关系着前面提到的灵感，同时还要考虑到其他的客观设计条件如经济因素、文化脉络、政治动因及环境要素等。

(4) 表达能力。表达能力不仅仅局限于语言学中的表达能力，它包括造型表达能力和语言表达能力。设计活动中一切将设计师主体思维实体化的转化过程均可视为设计表达，并不能简单理解为以绘画为基础的设计表现。表达能力的高低反映了设计师思维转换能力的高低。

3．个性品质

创造力是多种能力的协调活动，但也与创造个体的品质有关。不同的个性品质有时会极大地影响创造主体的思维方式和解决问题的方法。

(1) 兴趣。兴趣是最好的老师。兴趣是求知欲的原动力和出发点。寻求问题解决方法的活动中，求知欲是最现实也是最活跃的成分之一，是一种积极的、选择性的态度和情绪，它对于设计师在未来设计活动的准备，对正在进行的设计活动以及形成设计的创造性都具有较大的推动作用。

(2) 意志。意志是人自觉地确定目的并支配其行动以实现预定目的的心理过程。意志是建立在人的自觉意识的基础上的，是人自主能动地改造客观世界、寻求问题答案的主观动机。设计活动也是为了实现目的而努力克服困难的行动，也许苦于设计的种种限制要素，也许新的设计内容并不被他人所理解，甚至遭到质疑和排斥，设计师的意志品质会作为内在驱动力推动设计实现。

(3) 自信。自信是一种积极的自我体验，是确定自我能力的心理状态和相信自己能够实现既定目标的心理倾向。如果意志战胜的是设计过程中的种种难题，自信则是战胜自己的一种自我超越。自信能保持设计师乐观的工作态度和不断拼搏挑战、求实进取的精神。设计师一定要坚信自己的个人信仰、经验、眼光和品味，推崇个性化。但值得提醒的是，自信绝不是自负。

(4) 合作精神。现代设计师的知识层次多样化，知识结构复杂化，知识属性多元化。不论是单一的设计任务还是大型的设计项目都需要各类型设计师与专业技术人员(如工程师、模型制作师、营销专家)组成设计团队完成设计项目。因此，设计师应具有良好的职业道德和团队协作意识，具有高度的责任感。

6.3 产品设计与用户出错

设计的对象是用户，人的自然属性决定了用户出错不是偶然，而是必然行为。由于设计引起的用户出错不仅使人机信息交互的效率低下，甚至还可能出现错误的信息传递。这使得设计的适用性和人机的和谐性面临挑战。优秀的产品设计须以用户的心理和行为模式分析为基础，不仅在操作的物理机能上有效帮助用户实现正确操作，同时也应该在心理上使其产生愉悦和舒适心理。针对用户模型、用户常规思维和设计师设计思维的分析对工业设计师具有指导作用。

6.3.1 用户出错的类型

丹麦心理学家Rasmussen将人的操作活动与决策划分为技能基、规则基和知识基三类。Reason据此将人的出错分为相应的三种类型，即错误(mistake)、失手(slip)和失误(lapse)。

(1) 错误表示的是方向的歧途，是动机的不正确，是设计目标的错误设定。

(2) 失手指 在动作的完成过程中出现的错误，着重指与计划动作不相符的未计划的行为。

(3) 失误与失手的相同点是均指在行动实施过程中出现的错误，但失误中的错误行为已纳入到计划行为中，也就是说，是想做而未做好，即行为失效。

6.3.2 设计引起的用户出错

1．设计思维的偏差

设计人员在设计过程中经常犯的一个错误，就是误以为自己只是普通的用户，普通的意义在于设计人员认为自身可以作为典型用户的代表。这样的想法是否真的可行呢？

第一，设计人员与普通用户的知识体系尤其是针对其设计的产品种类而言，知识结构差别相当大。设计出的产品视如己出，当然是再熟悉不过。而用户显然不可能也如此轻松地像设计人员一样成为该产品的评析专家。

设计人员对其产品的固有认识根植于其头脑中的知识存储，这种知识的提取和使用既方便又可靠，所以即使设计人员认为自己是真正的使用者时，也基本上不会存在认知和操作错误。不同的是，对于不知或很少使用该产品的用户来说，他们需要靠经验、模仿或者借助于外界知识来提醒、引导其进行正确操作。

第二，设计师总是不自觉地认为用户具有和他同样的思维能力和思维方式。一方面，认为用户在使用、操作过程中也会如他们一样用谨慎、缜密的推理思维进行思考，其直接后果是造成以机器为中心的设计观，用户不得不用逻辑思维来确保操作的正确性；另一方面，设计师按照自己的思维方式开发新产品，尤其是软件设计人员，他们认为自己的作品可以直接轻松地被人理解和接受。事实上，也许连另一个软件设计师都不能明白他的"软件语言"，其直接后果是造成以自我为中心的设计观。

设计人员在设计过程中，主导思维是理性思维，主要表现为逻辑思维和发现式探索思维(heuristics)。然而我们不能忽略的事实是，用户在日常生活中并不是以逻辑思维为主要的思维方式，用户在面对一件并不熟悉的产品时并不需要展开其推理思维，人们日常并不习惯于此。关于此问题，李乐山对人们日常的思维方式进行归纳，现罗列如下：

一是"因果"关系思维，即"当我采取某个行动时，我会得到某个结果"。这是比较常用的一种思维方式，通过"因果"关系思维，人们很容易积累很多操作经验，有助于过程性知识的积累。

"因果"关系的思维不能表明一切因果的正确性，但它是人思维的惯用模式。人们并不关注真正的因果原理，正如不知道为什么将洗衣机旋钮转到"脱水"位置时洗衣机就执行"甩干命令"，并不知道为什么按下"1"电话液晶屏幕上就会显示数字"1"，只是两事件在发生时间上的居于前后，使得"因果"关系成立。

二是从形态的含义发现行为的可能性，用形态语意表明的功能信息或操作信息，或者是利用物理限制因素对用户操作行为做出引导，实现其操作目的。这种思维方式也可使用户获取大量的操作经验，是基本的思维方式。

三是"现象—象征"经验，即"当某现象出现时，象征出现了什么条件"。

如仪表显示无异样，并无报警声音或红灯(表示非正常工作状态)指示，象征机器运行状态为安全。又如自鸣式水壶发出鸣笛声时，象征水已经烧开了。象征性质的现象实质上代表了对操作的反馈信息。信息反馈是必要的，反馈原则也是设计的重要原则。

四是尝试法。尝试法是指面对陌生现象或不熟悉问题时所进行的具有试探性质的行为。尝试法是探索发现式思维的方法之一，可用来解决实际问题，但由于其目的性不强，可能需要耗费大量时间尝试或依据经验做出判断。由于只是试探性的进行操作，因此并不能确定结果的有效性。

五是想象。想象作为一种思维方式，应用十分广泛。想象具有跨越性，可以把看似无关联的两事件联系起来，有很强的"我想着……"之类的主观意识。

设计师作为专业人员，不论是从知识构成还是从思维方式上都与普通用户存在很大差异。只有真正从用户的实际操作中感知其认知方式，了解其思维方式，从中获取反馈信息并将其转化为设计语言，才能将设计的"编码"与"解码"相匹配，设计人员的设计模型才能与用户模型相符。

2．理解有误

心理学中的理解是指个体逐步认识事物的联系，直至认识其本质规律的一种思维活动，是一个逐步深入揭露事物本质规律的思维过程。现代设计不再只是设计师一厢情愿的游戏，新的游戏规则是互动式的创造。设计不再只是针对没有生命的实体，它成为一种传播媒介物，符号成为传播载体。一边是符号的制造者，一边是符号的接受者和使用者，制造者的"编码"需要使用者的正确"解码"才能复归其真谛，这就是设计中的理解过程。理解是沟通的前提，是互动的基础和先决条件。

图6.21所示为语意符号的媒介作用。所谓语意，即人们在接受设计符号刺激后对该设计符号形成的概念及印象。语意传达成功或是失败，前提是设计者与接受者在知识存储中具有相同或相似的部分，即重叠的知识信息集合，否则两者之间就无法进行沟通，如果不存在"信息交集"，接受者将不理解设计者通过其设计向他们传达何种信息，无论这种理解是靠直觉、经验，还是依靠理性思考。

要使别人能了解你要传达和释义的设计内涵，必须要做到用对方的语言解释他们不曾经历过的事物，即"用对方理解的东西去解释他们不理解的东西。"这样才能达到传达释义的目的。传达释义的前提是设计师必须了解设计针对的目标受众的知识背景、知识层次和知识结构的特征及接受信息的特点等。设想一下，如果向老年人，传达什么是"IN"，什么是"炫"，什么是"HIGH"，是否会对老年人和设计者双方都造成一种理解负担呢？

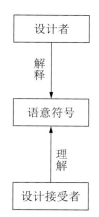

图6.21　语意符号的媒介作用

3. 记忆的负荷

生活中常常出现这样的窘境。当你拉开冰箱柜门时，却突然忘记了自己要取什么东西；几天前看过的电视连续剧，现在却怎么也想不起男女主人公叫什么名字；在惊讶于打字员打字速度的同时，自己却仍然低头在键盘上寻找ABCD的位置所在。在埋怨自己记忆力不好的同时，是不是也猜想着真的有过目不忘的奇人呢？

记忆是信息加工过程，当代认知心理学认为在记忆系统中有三个组成部分：感觉记忆(sensory memory)、短时记忆(STM)和长时记忆(LTM)。信息在不同系统中加工方式的不同决定了记忆知识性质的差异。

感觉记忆又称瞬时记忆或感觉登记，它是记忆过程的初始阶段，也是重要阶段。感觉记忆的信息接收渠道多种多样，各感官如视觉、听觉、味觉、嗅觉、触觉等官能都可以成为信息接收渠道。感觉记忆几乎不存在对信息的加工处理过程，它的无意识属性使之持续时间相当短。不可忽视的是，感觉记忆的存储空间相当大，但只有一小部分信息由于触动了"注意"思维活动才被传入到高一级水平的记忆系统——短时记忆。

短时记忆是比感觉记忆高一级的记忆系统。短时记忆的内容也是非常有限的，但它对当前信息的记忆效率较高，信息自动存储到短时记忆，并可不费脑力地被提取出来。短时记忆持续时间不长，存在遗忘问题。所以如果对记忆内容进行适当的"重复"，也就是我们所说的反复记忆，可使记忆时间增长。认知心理学中记忆保持率这个概念表明记忆的有效性和实效性，记忆和遗忘既相互矛盾又相互统一。

长时记忆与感觉记忆和短时记忆相比，可谓是巨大的"信息库"，"信息库"中的信息都是经过大脑解释加工过的，是事物的抽象意义，只有被"激活"才能发挥其作用。

设计师乐此不疲地急于将所有功能集于一个小小的产品上，想借此增加其商业价值，也同样希望它们的用户能够对说明书上的操作步骤、按键功能、注意事项过目不忘，可事实上用户会因为记不住这些根本不能"讨价还价"的"规则"而深感不安，甚至会自责为什么经过这么多次的演练始终不能正确地操作这种高科技产物呢？

产品的微型化、多样化是工业文明和科技进步的标志，然而它的负面影响也是不可置疑的，越来越多的功能，越来越少的按键让使用者不断地求助于说明书，不断地强迫自己去记忆一个按键在不同使用目的下的不同功能。

记忆大多是为了行为，记忆准确也不过是为了行为正确，如果把记忆视为人脑中的知识存储，人的记忆存在两大弱点——记忆遗忘和记忆出错。设计师理想的模式是为了使设计的享用者具有和他们同样睿智的头脑，和他们相同的知识存储量，像他们一样可以很轻松和正确地完成对产品的每一次操作，记忆的这两大弱点常常被忽略掉。

诺曼认为准确操作所需要的知识并不是完全存于头脑中，而是有一部分在头脑中，有一部分来自于外部世界的提示，还有一部分存在于外界限制因素中。在日常情况下，行为是脑中的知识、外部信息和限制因素共同决定的。

外部信息(也被称为"外部知识")是对存在于头脑中的知识有效的补充，它能起到"提醒"的作用。运用外部知识刺激(或称为激活)脑内部知识是达到行为准确目的的有效手段。

掌上电脑有什么应用功能？这些功能在你的工作、生活中给了你何种提示？你利用它存储了多少不能缺少却不能记忆的信息？日程安排、工作表单、全球时钟、备忘录、中英文电子词典……

6.3.3　设计原则

出错是人类的天性，我们不能回避错误问题，也不应把设计导致的用户出错归咎于人类的出错本性，有些失误和错误是可以避免的。

1．可视性原则

对用户而言，产品的各项功能和各控制器的作用能直观清晰地被传达，这样的产品就符合可视性设计原则。可视性是人性化设计的重要组成部分，它与产品的效用性直接相关，用户避免对接收信息的歧义理解，减少操作中的错误行为，行之有效地完成设计目的。按照诺曼先生的观点，可视性原则包含三层含义：

1) 自然匹配

诺曼认为，自然匹配指利用物理环境类比(physical analogies)和文化标准(cultural standards)理念设计出让用户一看就明白如何使用的产品。人机工程学中有一个概念叫"控制—显示的相合性"，指的就是控制器与显示装置之间的匹配关系。图6.22所示为同轴旋钮与显示仪表在空间位置上的布置图示。大旋钮对应的显示仪表排上，最小的旋钮对应的显示仪表排下。仪表排列与人的视觉习惯相一致，操作人员可以直观明了地接收到物理关系中传递的匹配信息，不会出现歧义理解。

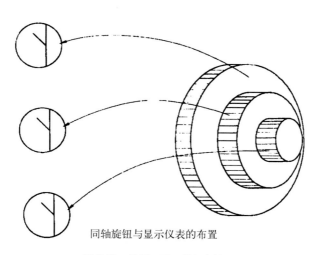

同轴旋钮与显示仪表的布置

图 6.22　控制—显示的相合性

所谓匹配，就是两事物之间的相关性。这种相关性规则与人的感知特征相符，使得用户自然而然地想把两者联系起来。电脑硬件中，键盘和鼠标接口完全相同，如何分辨它们与机箱体连接的端口呢？很简单，键盘的接口颜色是紫色或蓝色，鼠标的接口颜色为绿色，这种颜色的自然匹配本质上还是视觉上的自然匹配，会大大减少错误操作的频率。

2) 有效反馈

反馈概念源于控制科学与信息理论，诺曼先生对反馈在设计中的应用理解为：向用户提供信息使用户知道某一操作是否已经完成以及操作所产生的结果。用户该知道如何操作、该操作步骤的正确与否、下一步该如何操作、该操作步骤完成什么功能、达到了什么目标等，此类信息必须是用户随时可以获取的。用户需要这些反馈信息来决定是否继续进行或中止该操作。设计师必须保证信息的反馈准确、有效、保证人机间的信息交流时时通畅。

现实操作中的用户主要依靠视觉反馈和听觉反馈获取(两者选择条件比较见表6-1)信息并做出相应判断。选择何种反馈形式取决于用户的操作方式、操作环境等。

表6-1　视觉与听觉反馈的选择条件比较

选择条件	视觉	听觉
信息复杂化程度	高	低
光线条件	较亮	较暗
噪声度	高	低
操作频率	低	高

(1) 视觉反馈。如图6.23所示，这是FlashGet软件安装过程中的一个对话框，图中圈选部分是我们所熟悉的操作提示，分别是Back(上一步)、Next(下一步)、Cancel(取消)。这既是一种具有提示作用的外在信息源之一，也是对于用户操作的有效反馈，它表明用户处于选择操作进程中，选中的菜单选项底色条背景呈现蓝色，传递出清晰的视觉反馈信息。

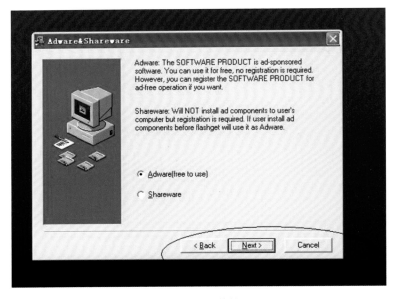

图 6.23　FlashGet 软件对话框

(2) 听觉反馈。在记忆负担中，我们谈到了代表电脑硬件故障的不同的警示声给我们带来了一定的麻烦，用户要记住不同类型的声音分别有何含义的确有些困难，但是不得不承认的是通过这种声音可以让用户知道电脑硬件出故障了。

3) 易理解和易使用

认知心理学中对人类思维能力做出了较深入的分析，思维可以用推理判断事物的可行性、可靠性，分析并解决实际存在的问题。

如图6.24所示，卡洛曼壶虽然精致可爱，但从功能角度而言，它是不可用的。正如它的创造者卡洛曼戏谑它是一个"专为受虐狂设计的咖啡壶"。这种对常识信息的提取，并不需要费时费力。在使用物品的过程中，随着对操作物品的熟悉程度的增加，会有意识地在头脑中储存关于此类物品的某些属性(包括对功能的认知、如何使用、如何维护等)的信息，这就是用户对物品的概念模型。所谓概念模型。指产品的各个部件呈现在人的意识之中，各部件的功能也相对清楚，因此操作者能够模拟其操作过程。

图 6.24　卡洛曼壶

设计师必须使产品具有易操作性，前提是操作者理解其操作。理解是使用的前提，就如思维是行动的前提一样。当然，这种理解并不是掌握其工作原理和创造过程，而是理解对功能键进行何种操作会产生何种结果。物品的概念模型应该是清晰的，无歧义的，如果不全面，或者不存在，那么用户就会随之产生困惑，不知如何"下手"。

无论是何种品牌的电视机摆在面前，那些对家用电器产品并不钟情的人去打开它，也不会存在太大的问题，因为我们的头脑中已经牢固树立起这样一个观念：最大的或是最不同的那个按键就是开关。遥控器也是一样，一般都放在最上方的右侧，即使不是右侧的话，那么它也具有比较醒目的颜色，比如红色。

设计人员不能和用户直接对话来指导其操作，它们只能通过设计产物的表象与用户进行沟通，所以被认为这是一个"编码"—"解码"的过程。设计人员构建设计模型应该与用户所建的用户模型相一致，这样"编码"将全部完成"解码"，也就是说，用户的"解码"应该是轻松的和有效的，操作对所有的目标用户在某种意义上来说应该是"透明"的。

2．利用限制原则

设计中需要一些限制因素的存在，以保证操作的正确性和精确性，如果对某种部件的操作存在多种操作方法，由于设计了限制其操作的条件因素，操作方法的可能性就会减少至一定的范围。如果一个用户，面对的是一件他从未使用过的物品，在操作过程中他会说"我只能这样做""我想应该是这样的"，并且他正确地、出色地完成了对该物品的操作，充分利用了限制因素来帮助用户完成正确的操作动作，那么该物品的设计就是成功的。

常用限制因素大致分为四种类型：

1) 物理结构上的限制因素

物理结构上的限制因素是可见的、直观化的，可以通过视觉直接获取操作信息，物理结构限制因素将操作对象的外部特征与操作方法直接联系起来，操作者可以从其外部特征归纳出正确的操作信息，从而实现其操作目的。

图6.25所示的自动提款机(ATM)有两个槽口,一个为插卡口,一个为打印回单的出口,还有一些终端机还设置了存折插口。我们在进行提款操作时,通常不会为不知银行卡如何插入提款机而困惑,因为很明显,能和银行卡匹配的槽口只有唯一的一个,银行卡只能从此槽口插入,而这正是正确的操作行为。

图 6.25 自动提款机

电脑机箱内尽管插槽和插口数量繁多,但并不容易引起硬件安装错误。显卡、内存条等硬件与其插槽是一一对应的关系,即使想安装错误都是困难的,因为这种操作是无效的,不具有可行性。

限制因素并不一定是有形的物理结构上的受限,它可以是非物质的某种规律,也可以指强制性的必须遵守的规则。这种概念被诺曼称为强迫性功能,即如果你不完成这种行为,就无法越过此行为进入下一个操作环节,也就是我们所熟悉的连锁装置。强迫性功能的设定可以增强产品的安全性和可靠性,保证行为操作的准确性和精确性。

直板手机有一项基本功能就是锁定键盘功能。直板手机在用户的口袋中,由于用户行动原因造成的摩擦或是误接触原因,很容易使手机启动其操作程序,用户经常会在无意识的情况下拨通了别人的电话。锁定键盘功能使用户可以在完成操作之后使手机面板上的操作键处于锁定状态,除了解锁操作,按键功能将不能被激活。该功能非常实用,尤其是用户在不情愿重复操作的情况下,可设置自动锁定功能,避免了锁定键盘的重复操作动作。

强迫性功能的设定需要经过深思熟虑,对于一些用户不太需要的功能或是长期使用会产生厌倦情绪的强迫性功能应慎重考虑其存在的价值。

2) 语意上的限制因素

语意限制是指利用某种情况的含义来限定可能的操作方法。

3) 文化限制因素

文化作为限制因素之一主要是指文化习俗和惯例对物品操作的影响。苏联学者卡冈认为文化是人类活动的各种方式和产品的总和，包括社会的、人的能动性形式的全部。卡冈对文化的定义表明物质文化的重要意义，每一个物质创造都是隐藏着丰富的文化信息，同时文化又制约着物质创造的属性。

文化在设计中的制约作用主要表现在行为文化上。人的行为不仅受到自然的有形的因素的限制，还要受到种种无形的非物质的自律的内在良知制约。行为文化主要由人类在社会实践尤其是在人际交往中以约定俗成方式构成的行为规范——风俗习惯来体现，在某种层面上代表了社会的认知知识集合。这种知识结构通过心理学中的"基模"（schema）概念进行描述，即对某一概念或刺激的先前知识有组织的表征，它代表了我们对事物的认识水平，引导我们对现存信息做出分辨和处理。

"基模"指导着我们的行为，这种规范行为的非自然因素被社会学家称为"框架"（frame）。不同的文化生成不同的"框架"，只要在特定文化框架之内的行为都会使我们可以适应于该环境，即使这个环境是我们从未体会过的；反之，如果周围发生的"事件"在时间或空间上与我们的基模不相适应，也就是说我们冲出了框架，可能就会出现适应不良的感觉体验。

4) 逻辑限制因素

逻辑在设计中意指思维的某种规律、规则，也可以表示某种内在联系，它的常规模式是"根据……，某某事或物是……的。"也可以表示因果关系，即"因为……，所以……"例如，"电源突然切断会对电路板造成损害，所以要在更换手机电池之前进行关机操作""我的手表刚刚换了电池，却还是不能正确显示时间，也许我的手表内部出现故障了……"等。又如，以组装玩具摩托车为例，按照逻辑，所有的零件都要用上，组装后的摩托车应该完整无缺。对许多人来说，三组车灯是个大问题。因为使用文化方面的限制因素，他们知道红色的应该装在车的后部，黄色的是前灯，应该装在车的前部，却搞不清蓝灯的位置。蓝灯是闪灯，很多人不知道，应该装在上面，因为他们头脑中没有这种文化或语意信息，但他们可以按照逻辑找到答案。只剩下一个零件，可供安装的位置也只剩一处，蓝灯安在哪儿自然就决定了，这就是逻辑限制作用。

以上种种逻辑结论不能够充分证明其正确性，人为的运用逻辑带有强烈的主观色彩，但恰恰是这种逻辑思维可以成为人的行为的引导因素。

分析设计出错是探究设计心理的重要内容之一，同时也为创造优秀的设计作品、提出合理的设计原则、奠定理论基础。创造心理是设计心理的重要组成部分，创造能力的高低直接决定了设计的优质性。作为一种综合性能力体现的创造活动，设计来源于对生活信息的捕捉，对设计要素的重新定义和组合，以及对社会大环境的思考和分析。作为设计学的基本理论之一，设计心理理论的逐步完善将直接影响到设计学的理论建构并指导设计实践活动。从心理学角度阐释设计问题能有效地改善人、物、自然和社会之间的关系，使之更加协调有序的发展。

小结

创造心理是设计心理的重要组成部分，创新过程中设计师的心理与消费者的心理常常不是一致的，因此，研究设计师的设计创意心理，是把握产品创意符合消费者需求的重要突破口。创造能力的高低直接决定了设计的优质性。作为一种综合性能力体现的创造活动，设计来源于对生活信息的捕捉，对设计要素的重新定义和组合，以及对社会大环境的思考和分析。同时，引导消费者消费倾向，帮助消费者建立正确的消费观念和树立正确的消费价值，是设计师义不容辞的责任。作为设计学的基本理论之一，设计心理理论的逐步完善将直接影响到设计学的理论建构并指导设计实践活动。

习题

1．怎样理解"文化和智慧的不断补给，能使设计目光更加犀利，是成为设计界常青树的法宝"这句话？

2．怎么避免设计引起的用户出错？如何用设计语言对用户进行正确的操作引导？

3．在经济社会中，设计师在引导消费观念的过程中应扮演何种角色？

4．传统文化和民族文化在设计师的文化素养中占有如何的地位和作用？

5．试以设计案例阐述外延性语意和内涵性语意在设计中的作用。

第 7 章　设计实例分析

　　学习理论的目的在于应用，设计心理学的学习也是这样。

　　其实我们在设计中，从设计师本身的设计创意灵感到设计的深入细化乃至产品制造的过程，都自觉地或是不自觉地应用了一些设计心理学的原理，也就是说，整个设计过程都应该是紧密围绕用户需求而展开的。当然，设计过程是一种设计理论和设计技能及经验的综合运用，设计心理学只是其中需要思考的一个方面。

7.1 经典设计分析

7.1.1 雷诺Radiance概念卡车

当世人将目光集中在汽车公司推出的概念轿车、概念跑车、概念MPV和概念SUV时，商用车却被丢弃在了一个令人遗忘的角落。而充满创新意念的法国雷诺公司早在2004年9月的德国汉诺威国际商用车展上就推出了雷诺Radiance概念卡车，彻底刷新了沉闷呆板的卡车印象。

卡车的设计要考虑许多方面的问题，其中心理学的问题主要体现在两个方面：一是驾驶员的操作及心理感受，驾驶操纵性能是否优良、视野是否开阔、驾驶室是否舒适等直接给予驾驶员心理感受；二是大众的心理感受，汽车不同于一般家用产品，它行驶于城镇和街道，直接与大众见面，它是否性能优良、是否具有使人愉悦兴奋的外观并与环境协调等给予大众直接的心理感受。因此，汽车设计中的心理学问题是不可忽视的。

雷诺公司首席设计师帕特里克·勒·奎蒙(Patrick Le Quement)带领的设计部在Radiance的设计中扮演了重要角色。从该概念卡车的设计可以看到雷诺公司的三个设计原则：效率、人性化和大胆设计的结合、创新。为了发挥想象空间，设计小组突破了许多工业、商业等方面的限制，目的就是表现出雷诺的独特设计哲学，符合雷诺卡车独特的身份。而Radiance纯粹现代化的外观设计不但体现了雷诺卡车的个性和风格，同时也表述着雷诺对于未来卡车的设想和取向，以及难以用语言表达的美学主题。

其实要将一辆体形粗犷的卡车设计好并非一件容易的事，首先设计师必须明白自己要设计的汽车需要达到一种什么样的感觉，首先要使设计师自己兴奋。Radiance给我们的感觉就是一个属于未来的移动雕塑，或者说借鉴了卡通片里变形金刚的设计元素。由于卡车使用方面的限制，其外形设计上必须比一般轿车更具粗犷、硬朗、实用的风格，而线条的刻画也必定使用更浓重的笔墨。在Radiance身上，很明显每一个面、每一条线都是精心加粗的效果。

Radiance(图7.1)在车头样式的设计上相比于其他卡车来说进行了大胆的改革，在设计过程中，除考虑外观的心理感受外，技术上完全融入了空气动力学理论，包括前面的烤架形状，弓形的翅膀造型和强壮整体流线，都给人留下了深刻的印象，并进一步加强了其所带来的视觉冲击力。除此之外，其突出的特征还表现在前隔栅的造型上和拱起的翼子板强健的体态上，形成强烈的力量感，强调了驾驶员的至高地位。可以说其美学主题贯穿于从前灯造型至驾驶室尾部设计的最细微之处，整体造型的简洁和力量感，也正是符合了用户对于重型卡车的认知习惯。

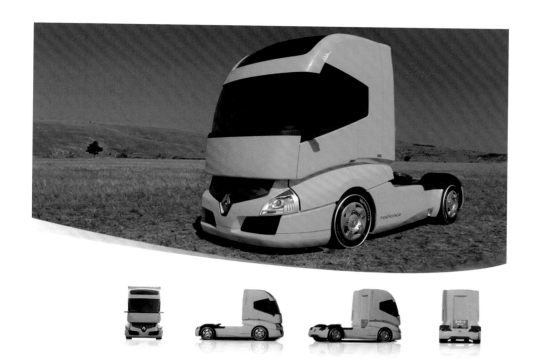

图 7.1 雷诺 Radiance 概念卡车

此外，在进行外观的色彩设计上，对于此类比较笨重的交通工具来说，应尽量采用明度较高的亮色系颜色。而亮黄色的大胆采用不但可以减轻此类设备对操作者心理上所造成的沉重感和压抑感，使驾驶员能够以一种轻松的心态参与驾驶。而且还可以增强产品的易识别性，能够很好地起到提醒行人及其他车辆注意的效果，很大程度上提高了驾驶的安全性。与此同时，为了避免驾驶时眼睛的误差及注意力的分散，保证驾驶员对前方道路的视觉敏锐度和分辨力，在驾驶室内部的色彩设计中，则采用了低纯度的灰色，这与外部的亮黄色形成了鲜明的对比，增强了视觉灵敏度。同时，两者和谐的色彩搭配，也降低了驾驶员在驾驶过程中的视觉疲劳。Radiance有许多人们希望在不久的将来能出现在新型卡车上的创新，特别是更合理的前端设计和大的空气进口使发动机降温更有效、更安静、更清洁。三角形的前照灯十分得体地镶嵌在车前的两角。轮廓线条简洁并且超现代感的车前灯使Radiance能够适应都市、高速公路和有雾等不同的驾驶环境。由于卡车制动(刹车)更费力，前照灯被改进得更亮，使驾驶员能够更清楚看见汽车前方的情况，从而更快速地做出反应，以确保交通安全。

汽车驾驶室涉及的心理学问题是需要设计师认真考虑的，特别是与人机工程学相关联的问题。比如驾驶室及操作系统、仪表系统等，驾驶室的座椅、仪表板及汽车操纵的人机工程学问题，在一般情况下都要制作成实物模型，设计师还要亲身感受。从心理学和人机工程学角度讲，驾驶室的仪表应该少而不是多，以少胜多是设计的一个重要原则。各种仪表的大小、位置、颜色等都必须仔细考虑。

Radiance驾驶室(图7.2)的设计集安全与舒适于一体，和以往的卡车相比，开这款车的驾驶员不会坐在一个布满功能按钮和操作键的封闭车厢里，而是在一个充满高科技的玻璃宫殿里。超大的前风窗玻璃、边窗和天窗，可调节得不反光，不管条件如何都视野宽阔，光线充足。如果夜间行驶，微妙柔和的灯光还可以营造出温馨的气氛。简单的内部设计给人平静的感觉，虽然装配了许多高科技设备，但不会让人感到复杂和压抑。安全、舒适、人性化的驾驶员座椅首次出现在这辆重型卡车上。充满智慧和针对性的内饰设计让用者和观者都从直觉上发出赞赏。

Radiance的驾驶室将人体工程学的应用体现得淋漓尽致。驾驶室内部采用"触摸设计"的概念，和雷诺其他车型的设计十分类似，简单来说就是将各种功能和按键都采用简单人性化的设计来进行布局。这种设计概念让雷诺能够将复杂的技术吸收到新的设计中，并且使用起来还非常方便，这就是雷诺所谓的"简单的复杂"设计。这些创新的设计方式使驾驶员在驾驶过程中，还享受到雷诺领先技术带来的便捷，极大地提高了工作效率。

另外，Radiance还体现了驾驶舱的高灵敏性，其提倡的驾驶室里的生活给驾驶员提供了"像驾驶小轿车，像在办公室工作，像在家里生活"三个概念。驾驶座椅使驾驶员感觉坐上去就像坐在一辆跑车里一样舒适，转向盘也很小，方便驾驶员掌握，经过调节甚至可以像轿车转向盘那样垂直，而不是像以往的卡车转向盘那样接近水平。人性化的仪表板(图7.3)和灵活的变速杆使所有控制非常方便。设计师将多个镜头设置在车身上最佳的可见位置，驾驶员能很容易地将周围情况一览无余，从前到后有效地控制所有的盲点，进而提高驾驶的安全。驾驶员可以从转向盘前的超大数码仪表盘和中控台上的大型显示器上获得摄像头中一切相关的行车信息。

图 7.2　雷诺 Radiance 概念卡车驾驶室　　　　图 7.3　雷诺 Radiance 概念卡车仪表板

以往爬上如此高的卡车，对于身材不高或者身手不敏捷的人来说，是比较麻烦的一件事。而Radiance则为驾驶员考虑到了这一点，当打开车门时，精致的折叠式踏脚板会自动伸出来，这样一来上车就变成简单的上楼梯。在驾驶员没有开车时，驾驶员座椅可以折叠以提供更大的空间。如此增加安全性和舒适性的设计，使Radiance在细节上达到了尽善尽美的程度。

总体来说，基于对性能和安全的充分考虑，雷诺Radiance果敢、前卫的设计，为其所有的用户提供了最新的创意。不管是内饰还是外形，梦幻般完美的造型不仅是长途运输中的驾驶舒适性、安全性和运输效率的保证，更是人们想象力的一种实现，充分体现了雷诺卡车的闯劲和追求时尚的精神，向我们展示了人性化设计的美好前途。

7.1.2 波尔·汉宁森的PH系列灯具

波尔·汉宁森(Poul Henningsen)是丹麦著名的建筑师、理论家和工业设计师，被誉为丹麦最杰出的设计理论家。汉宁森(图7.4)从1920年开始从事建筑设计，设计剧院、餐馆和住宅，但是真正为他带来国际声誉的，却是他的灯具设计。

图7.4 波尔·汉宁森

汉宁森从20世纪20年代初便开始研究灯具设计的基本原理，他最早提出了几乎所有有关照明的重要质量问题，如光色、阴影、炫光、光传递等。1925年，汉宁森为巴黎装饰艺术博览会的丹麦馆设计了照明灯具——第一盏PH灯。这盏灯在博览会上获得了好评，赢得了金牌，同时也得到了"巴黎灯"的美誉。自此，汉宁森一生的灯具设计都保持了巴黎灯的精妙设计原则。这种灯具后来发展成为极其成功的PH系列灯具，其中包括挂灯、墙灯、台灯和一些他特意为自己的室内设计所设计的灯具，至今这种灯具还出口到中欧、北美、南美、非洲和亚洲，畅销不衰。

PH系列灯具(图7.5和图7.6)之所以被称为永恒的经典，不仅是因为其具有极高的美学价值，也不是由于任何附加的装饰，而是因为它运用了照明的科学原理，使用效果非常好，充分体现了艺术设计的根本原则——科学技术与艺术的完美统一。

图 7.5 PH 系列灯 1

一方面，PH系列灯具的造型别致，仿佛是倒置的睡莲，悬垂而下，在寂静的黑夜里静静地开放。灯罩优雅美观的外部形态，犹如流畅飘逸的线条，错综而简洁的变化、柔和而丰富的光色使整个设计洋溢着浓郁的艺术气息，营造了一种简洁、温馨、自然而富于人情味的人居环境。一般来说，PH灯具由三片灯伞组成，底部还有一片乳白色的玻璃以柔化光线，使得整个灯具的阴影充满了魅力，微妙而有趣。

另一方面，该款灯具还处处体现了设计师对人的关注，简洁自然的外部造型是其照明功能要求的最直接体现，内部构造也始终围绕着人对灯具的视觉要求而展开，而不仅仅是设计师设计想象力的凭空发挥。

汉宁森研究了光线与人的视觉之间的关系，用三片灯伞的形状和上大下小的排列方式可以让使用者在任何角度观察灯具时都不会受到炫光的刺激，降低了人眼观察灯具时的疲劳感。其次，这个灯伞结构能反射绝大部分来自灯泡的光线，充分利用了光源。而且由于三层灯伞的作用，整个灯具的光线十分柔和均匀，人的眼睛不会因为强弱光的强烈对比而感到不适。

图 7.6　PH 系列灯 2

PH灯具的灯伞剖面是一条经过计算的螺旋线，从灯泡到灯伞外缘的距离远远大于灯泡到灯伞内缘的距离。根据光线的传播原理，灯伞外缘的亮度会大大减弱，从而降低了灯具轮廓与背景之间的反差，这不仅增加了眼睛的舒适度，也使灯具与室内环境更为融洽。汉宁森一生设计了几十种PH灯具，虽然它们形态各异，但一直遵循着上述的设计原理。

除了富于特色的多重灯伞外，汉宁森还十分注意光的色彩。他研究光色对人们观察物体的质感和色彩的影响，指出人们在家庭环境中更偏爱于暖色调。因此，他对传统的白炽灯光谱进行了补充，增强了光谱中黄色和绿色的成分，以获得适宜的照明光色，还在灯具中加上了紫色的反光罩以进行光色的补偿。

其实，形形色色的PH灯具那雕塑般的造型美感及科学的照明设计，不仅出于汉宁森那极富个性的设计风格，还归因于他对丹麦传统及丹麦人生活方式的深深理解。由于丹麦地处北欧，冬夜漫长，人们需要一种温暖、柔和的室内照明，而不是强烈的光线对比。汉宁森十分偏爱的自然色彩和质感给人们带来了温馨、宜人的感受，为家庭成员度过漫长而寒冷的北欧严冬提供了重要的心理寄托，正是汉宁森这种对光线的要求和希望的正确理解才会孕育出他优秀的灯具设计。

优秀的PH系列灯具设计引发了一种设计的文化，使得居家环境的每个方面都体现出设计的匠心独运，虽然是寻常百姓家中的生活必需品，但是也可以是博物馆中的藏品，创造了一种精致的生活情调，满足了人们在追求物质享受的过程中对精神文化的偏爱。

除此之外，和大多数现代主义运动设计师不一样，汉宁森认为传统的形式和材料非常适合大众产品的制造，提倡一种更为实用的，能够把"优秀设计"引向批量生产的设计思想。主张造型设计适合于用经济的材料来满足必要的功能，从而使它们更有利于进行批量生产。

因此，PH灯具那来自大自然朴素优美的造型形态使这款产品成为引人入胜的经典之作。

在汉宁森心目中，光也是一种设计材料。他认为，灯具不仅要满足照明质量，还要通过灯光来创造一种宜人的室内外环境。汉宁森在关于建筑空间照明的理论中全面地描述了光的三度空间功能和物体阴影的立体效果，而不限于水平照明工作面的分析。正是这种综合的光概念，使PH灯具以美学和照明质量并重而成为超越时间和空间的佳作。

7.1.3　路易吉·科拉尼的休闲躺椅

路易吉·科拉尼(Luigi Colani)是近代最具创造性、最大胆的工业设计师之一。早年曾在柏林学习雕塑，后来到巴黎学习空气动力学，这样的经历使他的设计具有空气动力学和仿生学的特点，表现出强烈的造型意识。科拉尼(图7.7)将奇特的曲线和有机的形式融入人体工程学，创造了大量变化多端的产品系列，从个人饰物到家居用品及富有想象力的交通工具，所有的这些都具有相当独特的个人风格。科拉尼在设计界享有"设计怪杰"的称号。

图7.7　路易吉·科拉尼

图7.8所示为科拉尼于1965年设计的休闲躺椅，依然延续了他独特的"流线型概念"的设计风格。从整体的造型来看，躺椅看起来就像一个人头部枕在交叉的手臂上，跷着腿休息的样子。流畅的曲线形式和它的功能性结合得相当融洽，具有抽象美学所体现出来的严峻、简练、少装饰的特点。设计灵感——人体，在科拉尼眼中成了世界上最完美的形态，这种把自然界中的生命体作用于工业化的产品的创造方式，将人类的情感从纯技术的理念中摆脱出来，回归到自然，并不断升华。

图7.8　科拉尼设计的躺椅

科拉尼曾说："设计的基础应来自诞生于大自然的生命所呈现的真理之中。"其实，科拉尼的创作并不像我们想象中的那样随心所欲，看似毫无依据的自由曲线有着极强的科学理论基础。首先，从用户的认知心理上来分析。对于一把椅子来说，外观的造型要能体现出"椅子"的最基本意义，即要满足椅子的基本功能性意义。比如，椅背、椅面、椅腿这些形态元件要能被用户清楚地感知到，这是它成为一把椅子而不是其他物品的基础。有了这些做基础，具体采用什么样式，使其具备怎样的意义，则可以由设计师自由支配，自由发挥创意。

科拉尼创造性地采用人体平躺休息时的曲线作为基本造型元素，很好地表达了产品的功能和使用方式，使人很容易联想到这是一款供人休息用的躺椅，而不会是其他的东西，符合人们的认知习惯，提高了人们对产品的认知效率。此外，该设计的造型还与产品的功能性得到很好的融合，有效地把椅子的最基本构件以设计美学的形式表示出来。人体造型中交叉的手臂及臀部用来支撑椅面，表达出产品和地面之间的关系，传达出一种稳定性，暗示了方式性，起到了传统椅子中椅腿的功能；头部是躺椅中枕头的部位，交叉的双腿造型则用于在平躺时放置双腿。

由此，我们可以看到人体的生理结构与躺椅的物理机械结构一一对应了起来，并且各部件还有着相同的功能意义。例如，人们看到躺椅人体头部的造型会自然联想到其所对应的结构是用于在平躺时放置头部的。这样，无需任何说明，外观造型自然暗示了产品的目的、使用方式和状态，符合人们的认知习惯，增强了产品本身与用户之间的沟通。而科拉尼这种运用人们在认知活动中的习惯性反应来确定产品形式的设计方法，成为他"以人为本"的设计思想的最重要体现。

从用户操作及使用心理上来说，要设计一把躺椅，就一定要适合人体的生理特点，让躺(或坐)在上面的人，感觉到最舒适，要能让用户得到身体甚至是精神上最大程度的放松。该款躺椅的曲线外观形态非常贴合人体平躺时的身体走势，同时也显示出人们在使用这一产品时的身体姿态。虽然在设计过程中，科拉尼省去了椅子扶手这一重要部件，但是宽阔的躺椅靠背及椅面设计，却可以使用户很舒适地把手臂放在上面。科拉尼的仿生设计表达了生物机体的形态结构为了维护自身、抵抗变异形成的力量扩张感，使人感受到一种自我意识的生命和活力，唤起我们珍爱生活的潜在意识，在这种美好和谐的氛围下，人与自然融合、亲近，消除了对立的心理不安状，使人感到幸福与满足。

设计作为一种文化，不仅仅只是产品在功能上的简单整合，还应该成为寄托用户内心情感的媒介。在现代主义设计充斥的今天，科拉尼设计的这款自由的、曲线化的沙发(图7.9)造型，给用户带来了一种温柔的女性气质。相比于我们周围众多充满阳刚之气的现代设计来说，其阴柔的气质不仅给人们带来了不一样的视觉感受，同时也满足了人们对于所有美好事物的追求和向往。

图7.9 科拉尼设计的沙发

科拉尼作为20世纪著名的，同时也是备受争议的设计师之一，其作品的标新立异，设计思想的前卫以及不合潮流，使得很多人都认为他是离经叛道的捣乱分子，也有人把他当作天才和圣人一样崇拜。然而科拉尼认为他的设计灵感都来于自然，只是对自然的一种单纯性模仿而已。他经常挂在嘴边的一句话是"世界上没有直线，所有的物体都是曲线。"科拉尼那富于创造力的有机形态设计是建立在他对人体工程学和空气动力学的深刻理解的基础之上，他这种设计修辞学上的嬉皮性也是相当罕见的。

7.1.4　中国传统文化符号的设计视觉化表达

在我国悠久的历史文化中，许多凝结着传统文化的图形符号都具有标志性的象征意义，或是具有某种寓意性的作用。这些传统图形主要包括了中国民间传统图案、汉字和书法。从其渊源看，汉字和书法是由图案、图形发展而来的。这些传统图形和标志之间的关系是比较密切的。

在具有中国特色的标识符号中，汉字占有很重要的地位。造字之初，汉字就有了图形特征。蒙昧之初，人类还不会使用语言文字，每每需要表达情感、记录事件及相互交流时，只能采用辅助手段。比如，用实物或结绳记事，或采取锲刻，还有图画表述等。我们从它们的作用和产生的效果来看，图画是所有的形式中最完善、表意最直观的。图画是对客观事物的再现，有相当程度的自我说明能力，可不依赖于人的记忆和解释，比较独立地传递特定信息。于是，图画就暂时地成为当时交流沟通的有效手段，这是早期人类文字发生的起点，其发展也是文字发展的轨迹，带有特定的含义，具有表实性。中国古代象形文字很类似现代的标志，因为这些古老的文字，在那个时期就是用来表达某种特定含义的图形符号，具有象征性的意义，和现代标志的作用如出一辙。目前，世界上仍被人们使用的文字有两类："意形文字"和"字母文字"。意形文字的代表是汉字，字母文字的代表是拉丁文字。但是，只有汉字在具备文字基本要素的同时，还具有审美功能，即超乎其功用的装饰符号功能。古代的象形文字和民间的组合文字就是典型代表。当汉字作为图形元素时，它具有双重性，往往比纯粹的图形更富于表现力和视觉冲击力。首先字意本身就是最明确、最有说服力的，具有信息传递的准确性与直接性等特点；其次，汉字的图形化特征，使汉字从字意的传达到图形的传达成为可能，并具有极强的可塑性。标志是象征性、概念化的视觉符号，是最简洁与抽象的语言，可以表达复杂与深刻的内涵。而汉字本身深厚的文化底蕴也在演变过程中更加提纯并简洁。而这在表象上具有共同点(即都是高度抽象的概念化符号)，这使得汉字成为除图形外，最符合标志设计需求的设计元素。 如图7.10所示，上海世博会标志是以汉字"世"为基础设计的，其中暗含一家三口合臂相拥的图形，将独具特色的书法艺术融入标志的创作中，散发着独特的艺术魅力，也象征着"你、我、他"全人类，表达了世博会"理解、沟通、欢聚、合作"的理念，洋溢着崇尚和谐的中华民族精神。

单纯的图形因为汉字的加入，很大程度上丰富了设计的语言。谈到汉字，就不能不谈到书法，因为书法是汉字的艺术化处理，是汉字形式的精神和气质

图 7.10　2010 年上海世博会会徽设计

升华。书法是中华民族精神最基本的艺术表现形式，是中华民族的优良传统，是人类进行文化交流的工具。把书法这种以艺术化了的文字作为装饰的风尚，是中国的文化传统。宗白华先生说："中国书法是一种艺术，能体现人格，创造意境。不像其他民族的文字只停留在作为符号的阶段，而是走上艺术美德方向，成为表达民族美感的工具。"篆、隶、楷、行、草是中国书法的五种主要书体。它们都具有丰富的艺术内涵和不同特点的视觉美感，并形成了完美的审美体系。其中篆书用笔骨气丰匀，方圆妙绝，结构平稳端严凝重，疏密匀停，极具古雅的装饰之美；隶书笔画方中带圆，撇捺舒展，结构均衡，华贵典雅；楷书结构平正，严整规矩，沉着稳重，端庄秀丽；草书奔放遒劲，潇洒飘逸，连绵回环，节奏跌宕，强调行云流水般的韵律之美；行书则介于草书和楷书之间，各书家之间风格各异，或洒脱自如、风度娴雅，或笔力劲健、爽朗高远等。如图7.11所示，2008年北京奥运会会徽采用中国传统文化的典型符号——印章作为主题表现形式。印文"京"字以篆体的笔意"写"出，经过设计处理，很像一个舞动着向前奔跑的人形，中国、北京的地域特点显而易见，运动特点明了，中国韵味浓重。印章本身这个形式，有着承诺、信誉的意味，表明2008年北京奥运会对全世界的庄重承诺。红色历来是中国的标志性颜色，又是印泥的颜色，既喜庆吉祥又激情洋溢、响亮、高亢、象征着和平、友谊、光明和幸福。设计主创者郭春宁说："我们就是想把这种古老的形式作为一个具有现代性的视觉传达。印章的作用，在中国的文化里，就是一种诚信的表现，与奥运精神相结合，体现了中国的独特文化。"总之，该设计除了具有地域、时代等标识功能外，更具有文化的意义。虽然目前对这个设计存在着不同的评价，但是我们从它的图式语言来看，它较好地体现了中国传统文化与现代奥运精神的结合，是民族性和世界性的统一。

汉字中有大智慧。观察汉字的构成，更多的是揭示自然中蕴含的深刻哲理。而汉字在发展为记号文字体系的过程中，则体现出了古人独到的智慧。例如，汶川地震的海报设计《同舟共祭》(图7.12)。设计者将"汶、川"撕裂开来，然后拼成一个"济"字，在字面上吻合了同舟共济这个成语的含义，又包含了"汶川和地震"的主题含义，同时用"同舟共祭"的"祭"字，在字音上吻合了"同舟共济"字音，还包含了共同祭奠死伤者的含义。这个以文字为构成的海报做到了一语多关，含义丰富。而这种功能，大概也只有含义丰富的汉字才可以做到。

图 7.11　2008 年北京奥运会会徽　　　　图 7.12　我们在一起之"同舟共祭"

从文化的角度来看，"设计引导人"与"人引导设计"本身就是互相融合在一起的。就像法国印象派兴起的时候，连街头擦鞋的女子也会谈论莫奈的油画。宋朝宋徽宗崇尚道教，导致街上卖烧饼的老人都会说道。这正说明了我们的设计在引导人的同时也在引导自己的方向。反过来，人引导设计的时候也引导着自己，从物质与意识的关系来看，物质是第一性，意识是第二性，物质影响意识，意识也影响物质。当人们有一定的共同认识即共通语言时，设计与人就走到一起了，而传统文化无疑是最好的"共同语言"。这是作为社会人的个体的一种意识和一种情怀。设计工作者如果能够把握住这个情怀，充分展现传统图形与现代标志紧密结合的艺术魅力，民族文化将得以传承和发展，中国设计将会屹立于世界设计之林。

7.2 学生设计分析

学生的设计案例集结了在设计整个过程中对于设计心理学科知识的应用。在以下五个案例中，从最初的设计构思到最终的设计方案的确定和验证，无论是对于目标用户的心理体验考虑还是设计者本人的心理思考过程，无不体现了设计心理学学科知识在设计过程中的重要支撑作用。

7.2.1 家用豆腐机（李利珍设计）

本设计是一款家用的豆腐自作机。调查资料显示，目前市场上出现的制作豆腐的方法大致有两种，一种是半机械化半手工的方式，即由机器磨浆，然后手工煮浆、滤浆，使用木模豆腐成型箱人为施压使豆腐成型；另一种是大部分机械化加少部分人工辅助，即由磨浆机磨浆，煮浆机煮浆，豆腐成型机成型豆腐，同时需要人为的使其产品转移于这三个机器之间，包括点浆。其大型的机械化方式，意味着不能小量生产，这也使豆腐机的使用范围仅局限于豆腐作坊或是大型的豆腐制品加工厂。另一方面，大型机械化的豆腐机对工作人员有一定的操作技术的要求。

本设计目的及意义在于通过对豆腐机家电化、小型化的设计，简化制作豆腐的步骤，减少其中涉及的器具，降低对操作人员技术与经验的要求，使产品智能合理的使用方式，给人们的生活带来简便的同时，对城市家庭的生活方式带来新的思考和改变。

在进行初步的设计构想时，设计者进行了多种方案的构思与表现。

方案一：采用形式追随功能的原则，根据豆腐的制作程序，将家用豆腐机的造型分成三大区域，即磨浆区、煮浆区和成型区，如图7.13所示。但是，三个杯体并列排放，整体造型并不美观，同时也使得产品的整体体积过大，占用生活空间。此方案在设计时考虑不成熟，过于功能主义，忽略了产品的美观性和简单性。

图 7.13　造型设计方案一

故而淘汰。

方案二：将煮浆磨浆区功能一体化，缩小产品的整体体积，整个外观采用圆润的圆柱体造型，如图7.14所示。操作界面位于产品顶部的倾斜面，便于人们进行操作。豆腐成型区处于磨浆煮浆区之一，方便豆浆在重力的作用下流入成型区内。方案二比较完整，只是整体形态常见，稍显平凡。因此最终放弃此方案。

图 7.14　造型设计方案二

方案三：采用圆润的方式将圆柱和圆球拼接在一起，下圆上尖，如图7.15所示。操作界面在圆球的弧面上，居于整个产品的三分之一处，在人机操作理论上，更符合人机工程学。此方案将磨浆煮浆区分开来，磨浆区在煮浆区内，磨浆区内的细纱网起着过滤豆浆的作用。在豆腐成型区内，方形的豆腐箱设计既有传统豆腐箱的韵味，又有现代化的时尚感。三个方案中最终确定采用此方案进行深入设计。

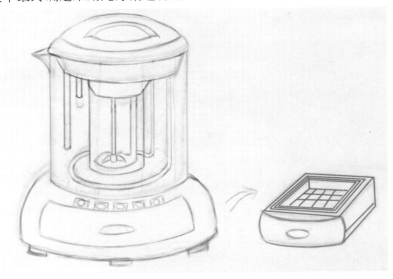

图 7.15　造型设计方案三

最终确定方案的造型及结构分析

多形状的几何体应用于产品设计中，使产品依据其功能出现一种非常严格而自然、有规律的重复，这种比例关系之间有着和谐、协调的动态均衡美感。圆柱形物体的多次使用，如豆浆杯、磨浆杯、点卤罐等。

结构是产品设计的骨架，是产品实现其功能的保障，结构的合理与科学是工业设计的基本要求。设计者在完成本设计命题时，对产品结构的总体考虑是将产品结构基本分成两大部分，即第一部分是磨浆煮浆点卤区，第二部分是豆腐成型区，在未通电状态下，这两个部分可以完全分离，如图7.16所示。

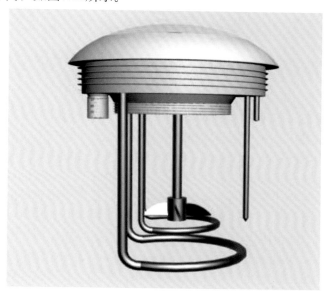

图 7.16　磨浆煮浆点卤区

1）磨浆煮浆点卤区结构

在磨浆煮浆点卤区内，磨浆、煮浆及点卤工作都在此区域内完成，豆浆、豆腐花产品也产生于此区域。各功能零部件共存于此区域内，合理地分布着，保障产品在工作中不起冲突。

磨浆部分由电动机、盛豆杯、刀片、加热棒等功能部件组成。工作时，电动机转动带旋风状刀片对豆类进行研磨，豆浆经过盛豆杯的细纱网过滤到豆浆杯内进行下一步的加工。

点卤区内有点卤罐，系统控制点卤罐内的导流孔对豆浆进行点卤。

煮浆部分，由加热棒、感温棒、防溢电极、豆浆杯等功能部件组成。工作中，电动机带动加热棒、感温棒、防溢电极等转动，同时加热棒、感温棒具有搅拌的作用。电极处在煮浆部分的靠上部分，与盛豆杯刻度平行，起着防溢保护作用，当泡沫高于防溢电极底端时，系统自动控制进行断续加热，防止泡沫溢出。感温棒起着缺水保护的作用，当水位低于感温棒底端时，产品自动停止工作，并发出报警声。

2）豆腐成型区结构

在豆腐成型区内，有小型的气压机和豆腐成型箱，如图7.17所示。

图 7.17　豆腐成型区

　　气压机是豆腐成型必不可少的一部分，工作中，气压机对豆腐脑施压，使之排出多余水分，使豆腐快速成型。豆腐成型箱由里到外有三个结构，如图7.18所示，最里面的是盛放豆腐的豆腐箱，由细纱网质材料构成，在提手处设有防溢电极，智能系统将控制豆腐脑不溢出。同时，在容量到达防溢电极处时，气压机将推动豆腐成型板对豆腐脑进行施压工作。中间一层是盛放豆腐中排出的多余水分的盛水箱，盛水箱由不导电材料制成，以保证产品的使用安全。最外面的一层是承载里面两层的电子伺服开启抽屉，抽屉采用国际知名五金品牌奥地利百隆(Blum)推出的新品SERVO.DRIVE伺服开启抽屉系统，这种电子伺服开启抽屉的系统装置，包括抽屉本体和半圆柜架，抽屉本体与柜架滑动连接，在抽屉本体后侧壁相应的柜架侧壁上设有电动传动装置，该电动传动装置通过导线与电源连接。此系统结构较为简单，能更好地利用豆腐成型区内的空间，提高利用率，操作方便。结合人体工程学，降低家电的操作劳动强度，开启时，只需要轻轻地对抽屉的本面板施压，电动传动装置感应到，然后控制弹出臂摆动进而将抽屉本体推出。此系统提升了开启的舒适度，更为人性化，结合免拉手设计，使产品外观更为协调。在产品设计中使用更人性化的五金配件，不仅能提高产品使用的便利性和舒适度，而且能使得产品的使用更轻松、更动感和更富有情趣。图7.19更好地展示了此设计的整体造型结构。

图 7.18　豆腐成型箱

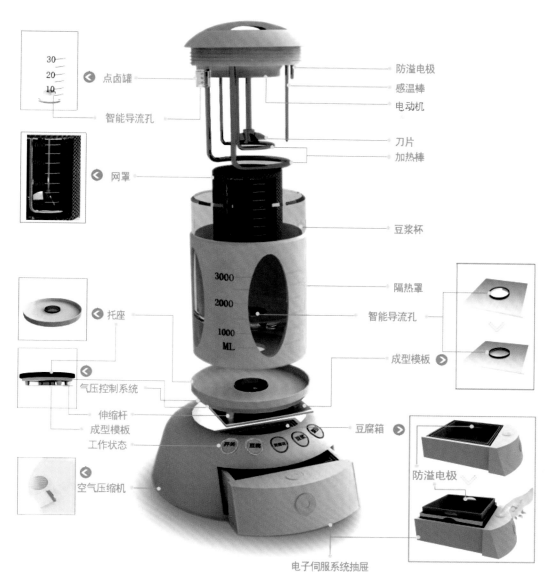

图 7.19　结构解析图

标注文字：
点卤罐
智能导流孔
网罩
托座
气压控制系统
伸缩杆
成型模板
工作状态
空气压缩机
防溢电极
感温棒
电动机
刀片
加热棒
豆浆杯
隔热罩
智能导流孔
成型模板
豆腐箱
电子伺服系统抽屉
防溢电极

30
20
10

3000
2000
1000
ML

开关　豆腐

7.2.2　交互及界面设计与表达（王曼设计）

　　界面是人与机器之间传递和交换信息的媒介，包括硬件界面和软件界面，是计算机科学与心理学、设计艺术学、认知科学和人机工程学的交叉研究领域。近年来，随着电子信息技术、计算机技术及网络技术的迅猛发展，人机界面设计和开发已成为国际计算机界和设计界最为活跃的研究方向。

　　图7.20所示为一款具有交互功能的智能衣柜。

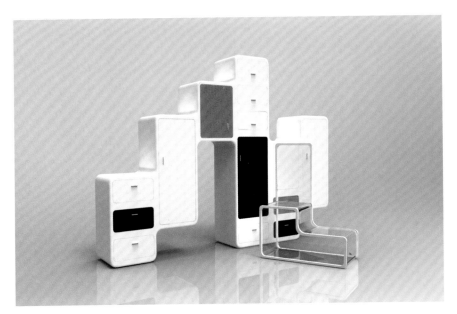

图 7.20　具有交互功能的智能衣柜设计

1．设计分析

这是一款集收纳、管理、搭配衣物于一体的智能衣柜设计，柜子的大小区别便于衣物的分类。柜门外是电子智能触屏界面，可以提示衣物存放的位置，便于寻找；可以使主人轻松地完成衣物的选择搭配，从而节约了反复换衣服的时间；并可以随时通过交互界面查询柜子空间的使用情况。图7.21所示为设计的各个细节表达。

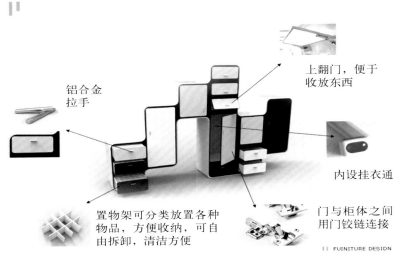

铝合金
拉手

上翻门，便于
收放东西

内设挂衣通

置物架可分类放置各种
物品，方便收纳，可自
由拆卸，清洁方便

门与柜体之间
用门铰链连接

FUINITURE DESIDN

图 7.21　设计细节表达

智能家具功能的实现必须得到结构的支持，各个元件之间通过各种各样的结构相连，形成一个完整的家具形态，从而使智能家具的功能得以实现。功能和结构在智能家具设计中，起着至关重要的作用。这款智能衣柜主要用于收纳、搭配、管理衣物。通过外部的显示设备可以轻松地查找到要找的衣服，也可随时查询衣柜的使用状态。左边三个抽屉中设有隔板进行分区，便于收放分类衣服，隔板也可以取出，便于清洁的同时可安放在任何一个抽屉中，随个人喜好。如此，衣柜和人之家就能产生很好的交互，提高消费者使用的兴趣度。图7.22所示为该设计的实物模型。

图 7.22　产品实物模型展示

2．界面的设计及分析

交互设计中界面设计尤其重要，是整个设计的核心部分。本设计的界面风格灵感来源于风车，图标用最简单的图案表示，直观、简洁，当进入主界面时，其上的五个图标将向风车一样围绕一个中心点旋转。中间为主体模特，用手指轻轻滑动左手边条框，将会出现衣服的图片，可进行选择搭配，右手边有"清空""保存""位置"按钮，可根据不同的需求选择，页面之间的转换方式是从中间到两边、从两边到中间推进的方式。

产品中使用各种图形和符号来指示产品的功能、运用状态和操作，有时候用文字对图形符号进行辅助说明。这些高度概括过的图形方便人们识别和记忆，提高操作者的准确性和工作效率，同时提高信息的传递速度。本设计的五个图标（图7.23）即可以通过图案很直观地表达出图标主题。

个人　　　　取消　　　　服装　　　　设置　　　　搜索

图 7.23　交互图标设计

主界面的五个图标可以围绕中心点旋转，单击图标之后，页面从中间向两边分开，同时右上角跳出此项功能及关闭页面的图标。手指滑动左边的条框就会出现系统收录的衣服，条框可上下滑动。搭配完成后，将会显示选中衣服的位置，同时有"清除""保存""位置"选项可以选择，之后页面将从两边向中间合拢，回到主界面，如图7.24~7.26所示。这样的设计既考虑到了用户使用方便性也考虑到了趣味性，很好地达到了交互的目的。

图 7.24　主界面设计

图 7.25　搭衣界面设计

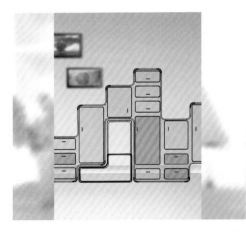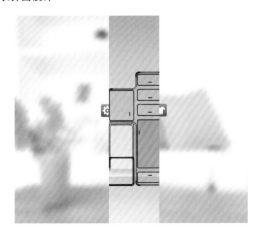

图 7.26　搭衣界面设计

综上所述，交互设计突破了传统同类产品直接将图标陈列在桌面上的设计模式，只将用户常用的功能显示在桌面上，对其他功能则进行隐藏，当然，用户也可以根据自己的使用习惯进行桌面自定义。现有的智能家居、智能家电，主要依赖于微电子技术、自动控制技术、计算机技术和网络通信技术，这些智能化的产品都是对产品的结构、管理方式等进行优化设计，从而给人们提供一个更加方便快捷、舒适的环境空间。因此，我们可以了解到设计的关键目的还是在于人及人的心理，智能化手段只是达到目的的手段，这是我们在设计中需要注意的。

7.2.3 智能机器宠物设计（赵佳妮设计）

1．设计概念分析

该智能仿生机器宠物的概念设计定位为缓解青年人群压力的行为仿生智能互动机器宠物，主要包括3点：①针对年轻人对宠物的心理需求进行仿生设计；②产品造型元素需展现动物活力；③功能上模仿动物与人类交流的行为以满足人机互动并能引导情绪释放。

2．智能机器宠物与真实宠物对比分析

如表7-1所示，通过对真实宠物与机器宠物的利弊进行对比分析，总结出可在智能机器宠物设计方案中利用和改进的设计点：①能跟人产生情感交流；②缓解负面的情绪；③促进年轻人生活规律健康；④注重机器宠物外部材质的触感舒适度；⑤增强机器宠物与人的互动性，以此作为智能设计概念的主题。

表7-1　机器宠物与真实宠物的对比

	动物	仿生智能机器宠物
利	（1）与人情感交流，缓解不良情绪及压力 （2）促进户外活动 （3）促进生活规律健康 （4）帮助社交 （5）情感交流丰富	（1）不需费时间、精力和责任拥有宠物 （2）不会成为一个不听话宠物，不用训练 （3）长远角度看成本花费较少 （4）不会生病或死亡 （5）不用担心疾病卫生问题
弊	（1）人畜之间疾病传染 （2）照顾比较麻烦 （3）限制主人自由 （4）生病或死亡造成主人悲伤 （5）弃养宠物造成流浪宠物问题 （6）咬人伤人问题 （7）噪声扰民	（1）机器宠物缺乏温度 （2）触感不良 （3）不用吃喝，缺乏饲养宠物的真实感 （4）人的互动依赖交互传感技术，对技术成本要求高

3．宠物行为仿生抽象线条设计分析

基于对最常见的家庭宠物狗的运动研究,提出了仿宠物狗机器人的分析模型,通过对宠物的观察，提取其日常行为中的部分动作线条进行抽象仿生，将宠物行为图像化，并运用到机器宠物的造型设计方案中，如图7.27所示。

图 7.27　宠物行为及抽象化线条

　　接下来通过设计草图形式罗列符合以上设计分析结果的机器宠物造型方案，如图7.28所示。方案综合了多张初步形态草图的特点，造型采用流畅线条突出造型的整体感，轮子收起时能合成球体，符合外形简约的设计需求，利用球体表现动物可爱憨厚的性格特征。设计亮点为机器宠物的耳朵造型，将提取的耳部行为线条融入设计形象中，为机器宠物制订了10个基本的耳朵动作用以表现宠物的表情，以此与人产生行为交流，实现智能交互，同时内置香薰机达到舒缓情绪的功能。

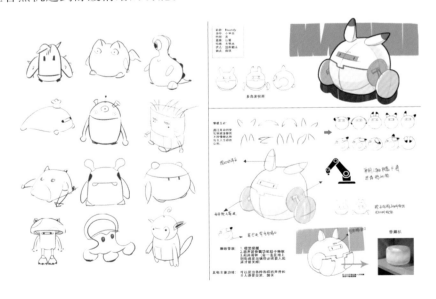

图 7.28　初步草图及深入草图

4．方案造型设计深入与主要功能设计

针对深入草图进行进一步修改，完成设计最终方案造型效果图，如图7.29所示。机器宠物造型整体为体现宠物憨厚的特性选择了圆球形，头顶机器耳为了满足转动需求对两侧边缘弧度进行了修改。采用三轴机械手作为可伸展臂模仿机器宠物的腿部进行移动。机身前方的显示屏实现视觉输入功能。常用模式下它能够模仿动物在居室内活动并模拟动物行为模式与人交互。夜间可通过灯光调整及开启香薰功能助眠及达到陪伴主人的功能，如图7.30所示。

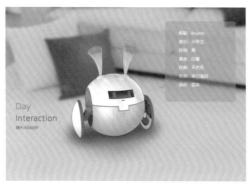

图 7.29　整体外观造型

图 7.30　夜晚环境效果图

情感互动及睡眠管理为本款智能机器宠物的主要功能述求。产品与人互动体现在机身顶部机械耳造型通过10组仿生耳部动作表达情绪及语音互动、行为互动，如图7.31所示。睡眠管理功能体现在设定睡眠时间及通过模仿动物达到陪伴式助眠。机器眼部结构为触摸式智能显示模块，可用于设定管理睡眠时间。机器腹部内置水箱分离式香薰机构，通过机器宠物嘴部达到出雾助眠功能。机器耳部灯光配合助眠香薰雾气营造出安静舒适的氛围，通过仿生及物理助眠手段达到功能需求，具体使用步骤如图7.32所示。

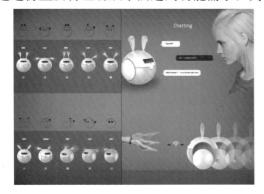

图 7.31　情感互动功能

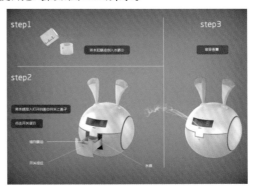

图 7.32　香薰睡眠管理功能

5．方案细节造型设计

耳部仿生造型设计：耳部造型通过对宠物狗的耳朵行为动态线条进行提取而抽象演变得出。通过机械控制连杆，模仿动物耳部动态表现智能机器人情绪，达到人机交互目的。

为了兼顾耳部转动需要及美观将耳部外沿设计为向内弧形造型，如图7.33所示。同时耳部顶端内嵌彩色LED灯带加强人机交互显示。耳部机构连接球形转动结构，由两台舵机实现转动。通过自动化编程使机器宠物能通过耳部行为表现情绪达到仿生设计目的，使机器具备拟人化的性格特征，通过交互给人较亲切的心理感受，人机互动加强。

移动模块造型设计：为使造型更加整体，将机器宠物的轮部设计为如图7.34所示，可收缩成为宠物身体的一部分，呈现为球状，体现出该智能宠物憨厚可爱的性格特征以达到仿生目的。轮部通过三轴机械臂连接，可实现较为灵活的伸展、收缩及上下前后左右移动。

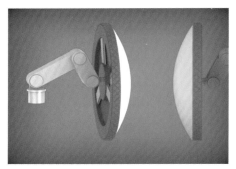

图 7.33 　耳朵造型设计　　　　　　　图 7.34 　轮子造型设计

细节部分造型设计：如图7.35所示，机器面部小型摄像头的植入使智能宠物具备环境识别功能，做出外部环境判断及简单的行为反应。机器眼部触摸屏能展现出多种动物的眼部表情抽象符号，达到人机交流。宠物两颊的位置各设一个扬声器，实现语音功能。机器口部为香薰雾气出口，配合LED灯带共同作用，并与耳部灯光配合，各部分细节通过自动化程序控制配合工作，达到较好的仿生效果。同时，机器身体两侧下方位置设计为散热口及防滑橡胶垫。

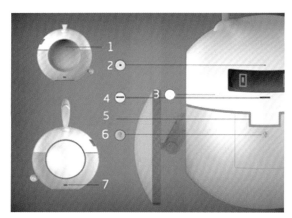

图 7.35 　部分细节造型设计

1—轮子收纳空间；2—摄像头；3—扬声器；4—出气口；5—LED灯带；6—按钮；7—散热口

6．机器宠物的结构设计与人机分析

外观结构爆炸图：机器宠物的整体结构及其与外观造型的关系如图7.36所示，内部预留了足够空间以容纳动力及控制机构。

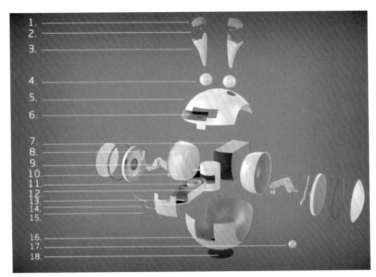

图 7.36 外观结构爆炸图

1—半透明灯罩；2—LED灯；3—耳朵；4—耳朵旋转腔体；5—上半部分身体；6—面部弧形屏幕；7—香薰
机防漏气腔体；8—轮胎；9—轮胎传动机械臂；10—轮胎隐藏空间；11—水箱；12—水箱分离式香薰机；
13—精油储存处；14—LED灯带；15—按钮；16—下半部分身体；17—充电尾巴；18—底部防滑橡胶垫

　　功能模块分区设计：在设计时产品的智能控制模块及动力模块需预留出合理位置及空间。产品内部模块位置如图7.37所示，内置电源模块较重且需散热，故放置在最下部，便于散热并保持移动重心。电源上方的香薰功能模块通过利用防漏的独立腔体包裹以保持密封性，防止水分外溢影响产品其他模块机能。轮子收拢时的放置空间位于机器身体两侧。触摸感应器位于机器头部前方位置。剩余的空间适当放置平衡配重以维持机器宠物整体移动时的平衡。

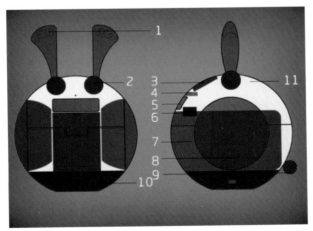

图 7.37 内部模块分区图

1—LED灯；2—旋转腔体；3—感应器；4—摄像头；5—屏幕；6—扬声器；7—香薰机；8-轮子；9—充电
器；10—电源；11—平衡配重

　　移动模块机构设计：该部分采用三轴机械臂完成轮部各轴向运动。如图7.38所示，左上图显示了轮子收起时机械臂的转动方式。左中图展现出机器宠物将轮子伸出后，机械臂的转动角度细节。该图示意了宠物身体向上运动时机械臂的受力状态。

机器宠物人机分析：根据实际生活中人与宠物交流的需求，将圆球状机器宠物的整体直径尺寸设定为30cm，轮子展开时横向略宽，纵向略高，给人的心理感受符合较为迷你宠物的仿生形象，便于与人进行交互。图7.39所示为该机器宠物在实际环境中的比例场景图，展现了机器宠物与人中的模式场景。

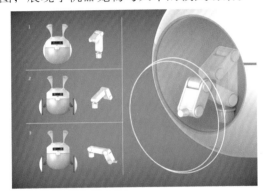

图 7.38　轮子机构

图 7.39　实际场景图

7．模型验证

最后通过模型验证设计可行性。完成概念设计及各部分设计细节方案后，通过数字模型输出修改，用数控机床将产品各部件切割成型、组件装配粘接、打磨、喷漆上色、风干、细节处理等步骤完成实物模型制作。图7.40所示为最终实物模型，验证了该概念设计的尺度及各模块的可行性。

图 7.40　实物模型

7.2.4　基于诗化汉字思维的文化家居产品创意设计（王雯雯设计）

1．产品代表的生活理念

相比一般家居产品的重物质，文化家居产品应重精神需求，包括情感关怀、人文关怀、文化情愫等多方面非客观因素，结合基本的功能需要，形成对一般家居产品的一种提高和深化。

现代都市快节奏生活、高度工业化和商业化的背景下，作为文化家居产品，不仅要满足日常使用功能、合理人机结构、舒适材料等基本要求，而且应更好地结合艺术性、文化情愫并通过产品整体感情氛围、意境得以表达。为此，基于诗化汉字思维的文化家居产品创意设计试图结合时代普遍审美与精神诉求，以家居的舒适感和人情关怀，在造型上还原一种人与自然和谐、自在相处的融洽状态。

2．汉字思维与产品关系

汉字及汉字语言系统的历史发展、演变，造成其外在丰富多变的艺术形态结构乃至蕴含中华民族的思维方式、哲学思想、价值观念等多方面的内容，这种汉字文化诗性的体现，即诗化的汉字思维是中国人潜意识里共有的文化情愫。

这种对诗化生活境界追求多体现在对人与自然事物和谐相处的崇尚，其文字载体为《诗经》，通过研读诗经所表达出从古延续至今的美好情感愿望，以及其中对客观自然事物的诗意描写，概括出"诗意的栖居"这一生活理念方式，通过家庭某一家居使用环境下一整套家居产品创意设计的形式，糅合诗性汉字思维代表的东方美学与工业化西方现代美学，以西式简练的语言形态和抽象符号化的形式表达文化家居"意象"的结合。

3．产品使用环境分析

"诗意的栖居"代表一种放松、惬意、舒适的生活状态，这正是现代都市快节奏、高频高压生活所欠缺的，因而需要营造一个简单暂避客观世界，放松自我精神状态的意境化空间感家居产品组合。

首先，通过对调查人群的行为和需求分析后，得出该空间内的产品组合主要使用功能满足以下需要：①满足娱乐、阅读、工作、闲憩等一般功能需要；②满足家人、朋友一起时闲食、聊天等多人使用的延展功能需要；③与其他家居场合分隔的心理功能需要。

其次，经过对现代都市人生活状态和需求喜好的调研，这组家居产品组合为坐卧类、置物类、光源类、隔断类这几种家居产品形式的组合，以满足功能需要和该空间的一体性，便于对诗化意境的塑造。因此，将该套家居产品的使用环境定位为书房、卧室、客厅、娱乐室、隔层一角等比较难利用的家居空间，如图7.41所示。

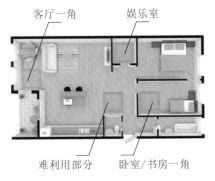

图 7.41　使用环境示意

4．设计符号语意说明

因设计造型源于诗化汉字思维，并取材于《诗经》，通过对其描写的不同诗意氛围做提取和消费者喜好调查的结合，选定文化感情基调为：幽境诗意。该场景在《诗经》原著中的主要自然事物元素为鹿，弯曲水岸，水中小洲。

为赋予产品合适的人文情怀，遂在以上自然事物元素中选取一主要语义符号，保留其自然形态特征，使其成为整个空间的亮点，以更好地烘托氛围感；其余自然事物元素则为了符合现代审美形式和现代设计语言，用易组装、生产的结构形式进行几何抽象化设计。

主要语义符号选择是鹿，如图7.42所示，因其在中国文化中是灵性与吉祥的化身，代表对好生活和情感的追求与向往，符合主题与人们普遍观念中对家庭及家居环境的祈愿。

图 7.42　原场景的鹿

5．产品效果展示

该套家居产品主要通过灯光和水雾（加湿器的使用）的控制和家居本身的简易美、舒适度来营造诗化的居家氛围，如图7.43和图7.44所示。色彩则采用原场景的暖色作为基础色调，体现家居环境温馨感。

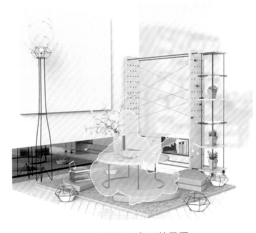

图 7.43　白天效果图

图 7.44　夜晚效果图

6．产品组件、结构简介

（1）隔断置物柜。满足与其他家居产品场合的分区，以及物品收纳功能。设有可以增加心理隔断范围的滑动侧拉柜，以及使用者可自行调整布局的隔断面，可隐藏放置加湿器的收纳柜等，结构简易说明如图7.45和如图7.46所示。

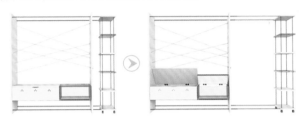

图 7.45　侧拉柜示意

图 7.46　各断面结构／使用示意

（2）灯组。所有鹿角都采用亚克力透明材质，观赏性、艺术性更佳。鹿角立灯，灯光透过鹿角可在墙面留下其形态的投影，如图7.47所示。鹿角地灯，多个联合使用，采用光感和人体感应技术，人来灯即亮，人走灯熄，并与装饰地面墙镜形成呼应感。灯组除照明外，也为空间增加情趣，烘托气氛，如图7.48所示。

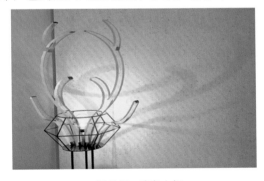

图 7.47　鹿角立灯

图 7.48　鹿角地灯

（3）坐卧。组成是矮圆桌、软垫组、地毯，以传统的席坐方式形成一个可供多人使用的舒适坐卧功能区，如图7.49所示。

（4）其他配件。空白装饰画，装饰墙面及做鹿角的投影面。装饰镜，拉伸空间的视觉范围，与鹿角地灯形成一种情景上的呼应。

（5）材料。主要运用白松木、亚克力、LED灯、不锈钢管材、五金配件等，如图7.50所示。

图 7.49　坐卧示意

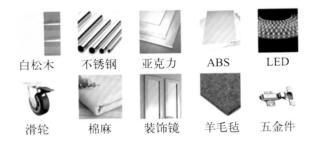

白松木　　不锈钢　　亚克力　　ABS　　LED

滑轮　　棉麻　　装饰镜　　羊毛毡　　五金件

图 7.50　材料示意

7．产品实体展示

产品初步实际比例草模展示如图7.51所示。以"诗意的栖居"的幽境诗意场景作为产品组合空间的感情基调，选定最突出的代表性具象设计符号鹿，将居家环境最需要的舒适、放松、实用、娱乐作为基本使用诉求，通过光与水雾对空间意境的营造，运用诗性汉字思维代表的东方美学与工业化西方现代美学，以西式简练的语言形态和抽象符号化的形式体现文化家居产品创意设计，代表了一种关怀人本身，亲近自然，舒适、融洽、自在的诗化幸福家居形式和生活理念。

图 7.51　实体草模

对于契合当今社会物质背景和精神需求的文化家居产品形式，东西方"意象"的结合是一种可持续的发展形势，借由此形式，中国的文化、艺术可通过意境营造的家居产品的方式，从日常生活的角度演化为一种别样传承方式。

7.2.5 智能家电——智能电饭锅创意设计 （彭洁设计）

1．设计概念

　　家电产品结构的技术升级趋势在不断加快，为行业保持稳定的增长提供动力。同时，居民消费结构的升级也需要家电行业提供更多新兴产品满足市场需要，节能、环保、智能、安全等特点已经成为消费者对家电产品新的要求，消费升级和家电产品的结构升级将形成良性的互动促进家电行业不断以结构升级获得增长动力。现代的生活方式朝着越来越环保的可持续发展的方向前进，而健康、节能、智能等也越来越普及。常用家电产品中电饭煲设计的发展趋势也越来越注重人与物之间的交互设计。

　　电饭煲设计概念分析：①更注重健康，杜绝对营养的浪费；②节约能源，省电、省时、省空间；③人工智能及交互性；④打开方式的改变，寻找适当的载体；⑤对食物的针对性更强；⑥对消费人群的针对性更强。

　　此次设计以中国饮食文化为出发点，将最古老、最质朴的蒸煮方式，引入人们生活当中。科技一直在飞速发展，而在追求更加智能化的同时，又能够兼顾健康，是我们一直所倡导的。根据地域差异产生的饮食文化，针对在各种菜系中沉寂的另一种文化——蒸菜而做的电饭煲设计，如图7.52和图7.53所示。它模仿传统蒸笼的结构造型及工作原理，将水加热后，产生大量的蒸汽，通过蒸汽向上的运动方式，将菜蒸熟。并运用最新的智能技术达到人机交互。根据蒸笼的原理，将做饭与做菜结合起来，能达到节能的目的。改进的方形设计，将以前浪费掉的蒸汽收集起来。更有网络接收器、积汁盒、储水盒、自动注水等装置，可解决做饭产生串味等各种问题。将做饭、做菜相结合，使人们在工作、学习中，能随时随地简单做饭蒸菜。

图 7.52　设计草图

2．操作界面分析

产品操作界面如图7.54所示。

图 7.53　设计效果图　　　　　　　图 7.54　产品操作界面

（1）将烦琐的操作按钮集为一体，操作简单。

（2）因为各种不用的食物有不同的火力要求，这样就产生了五种蒸煮模式：主食、粥、肉类、蔬菜、加热。从节能的角度来说，正确选择模式，自动调整时间，可以节约电能。

（3）定时模式是针对蒸菜而设计的。因为蒸菜需要前期的腌制时间，而人们往往没有时间等。定时的装置就可以先把菜放进煲内腌制。图7.55～图7.57展示了使用方法。

图 7.55　电饭煲主界面　　　　图 7.56　选择蒸煮模式　　　　图 7.57　时间设置

3．方案结构功能分析

1）整体结构和功能状态分析

图7.58是电饭煲各功能模块的示意图。

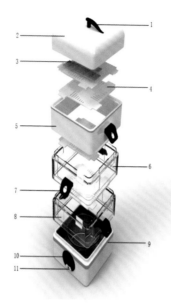

图 7.58　电饭煲各个模块示意图

1—负责揭开盖子和散气口的把手；2—整个电饭煲的主盖；3—放置餐具的空间；4—每层用于支撑的隔板；
5—最上层蒸屉；6—中间二层透明的蒸屉；7—用于端起蒸屉的耳朵；8—蒸屉里面用于支撑隔板的槽；
9—可以感温的LED灯带；10—主界面显示屏；11—整个做饭做菜过程的开始按钮

2）细节结构和功能状态分析

　　一个好的设计必须要有足够的细节，才能经得起长久的推敲。对于家电来说，过多的细节会带来清洗不便、过于繁复的问题。所以细节要与功能及外观相呼应，减少浪费的空间和时间。将这些问题进行解决和优化，就是最终方案所要达到的目的。以下是各个细节状态及功能分析。

　　图7.59是电饭煲主体内部分解图。

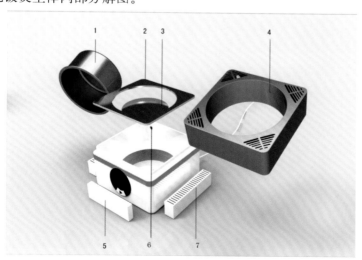

图 7.59　电饭煲主体内部分解图

1—饭锅内胆；2—储水盒加热器；3—饭锅加热器；4—储水盒；5—网络接收器；6—注水口；7—积汁盒

　　该设计模仿传统的竹蒸笼（图7.60）的连接方式，将各个蒸屉之间紧密连接起来（图7.61），让电饭煲更稳固。并且这一结构能够产生更好的密封性。错落的槽设计，可以调节隔板的高度，也可以固定隔板。并且结合透明的材料，形成交错的视觉效果。

图 7.60　传统的竹蒸笼

图 7.61　蒸屉与蒸屉的连接

　　图7.62所示为蒸屉之间的隔板。隔板的四个突起的边是用来将其固定在蒸屉上的，而且四条边离蒸屉壁有一定的距离，便于取出。隔板上有简单的镂空设计，因为盘子放在中心，所以将镂空的部分放在四周，增加蒸汽的流通。图7.63所示为电饭煲盖，直接学习传统蒸笼盖子，简单，易清洗，轻便大方。图7.64为电饭煲使用场景图。

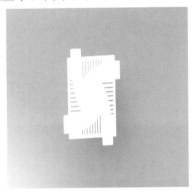

图 7.62　蒸屉之间的隔板

图 7.63　电饭煲盖

图 7.64　电饭煲使用场景图

小结

　　设计是一项实践性极强的活动，它需要在实际的创作过程中体会设计的微妙所在。设计的各个阶段和环节都离不开对设计心理的应用。法国学者德卢西奥·迈耶说过："一件艺术作品不是独白，而是对话。"设计工作者与用户本属于两个不同群体，设计产物是两个群体之间进行连接的纽带与桥梁，是对话形成的物质保障。以心理学为基础建立设计思想的主要目的就是建立以用户为根本的设计理念，无论是对用户的生理体验或是心理体验，都要进行深入细致的分析和研究，同时，也不能忽略设计的市场效益和社会效应，设计师需要给消费者提供适用和愉悦的使用满足感。

　　我们必须承认，每一件可称为作品的设计，一定集结了设计师的创意精华，具有某种不可替代的创新点。但是，设计不是绘画，不只是表现自我情绪，而是为了满足人们的需要，进而引导大众的一种创造性活动。设计工作者应熟知消费者的心理，调整好自身的心理，熟知社会文化现象并有能力预知未来发展方向，只有这样，设计工作者才能在实践中创造出更多的经典作品，而这样的创造行为才是有意义和有价值的。

参 考 文 献

[1] [美]Donald A Noman．情感化设计[M]．付秋芳，程进三，译．北京：电子工业出版社，2005．

[2] [美]Donald A Noman．设计心理学[M]．梅琼，译．北京：中信出版社，2003．

[3] [美]Karl T Ulrich，Steven D Eppinger．产品设计与开发[M]．3版影印版．北京：高等教育出版社，2004．

[4] [美]安德鲁·戴维．精细设计——匠心独具的日本产品设计[M]．鲁晓波，覃京燕，梁峰，译．北京：清华大学出版社，2004．

[5] 边守仁．产品创新设计——工业设计案例的解构与重建[M]．北京：北京理工大学出版社，2002．

[6] 陈志尚，张维祥．关于人的需要的几个问题[J]．人文杂志，1998(1)：20-26．

[7] 丁玉兰．人机工程学[M]．北京：北京理工大学出版社，2005．

[8] 段继扬．创造力心理探索[M]．郑州：河南大学出版社，2000．

[9] 范景中．贡布里希论设计[M]．长沙：湖南科学技术出版社，2001．

[10] 桂元龙，杨淳．设计解码[M]．南昌：江西美术出版社，2004．

[11] 郭伏，钱省三．人因工程学[M]．北京：机械工业出版社，2006．

[12] 何兴民．顾客心理学(修订本)[M]．北京：中国商业出版社．2000．

[13] 胡健颖，冯泰．实用统计学[M]．北京：北京大学出版社，1996．

[14] 李乐山．工业设计思想基础[M]．北京：中国建筑工业出版社，2003．

[15] 李昱靓，江发强．现代展示设计[M]．重庆：重庆大学出版社，2005．

[16] 林玉莲，胡止凡．环境心理学[M]．北京：中国建筑工业出版社，2000．

[17] 刘国宇．产品形态创意与表达[M]．上海：上海人民美术出版社，2004．

[18] 刘涛．产品设计色彩与人情感心理[J]．沈阳航空工业学院学报，2000(4)：86-88．

[19] 马建青．现代广告心理学[M]．杭州：浙江大学出版社，2003．

[20] [美]马斯洛．马斯洛人本哲学[M]．成明，译．北京：九州出版社，2003．

[21] 孟维杰，马甜语．论心理学中的隐喻[J]．南京师大学报(社会科学版)，2005，9(5)101-106．

[22] 任立生．设计心理学[M]．北京：化学工业出版社，2005．

[23] 阮宝湘，邵祥华．工业设计人机工程[M]．北京：机械工业出版社，2005．

[24] [苏]捷普洛夫．心理学[M]．赵璧如，译．长春：东北教育出版社，1953．

[25] 陶国富．创造心理学[M]．上海：立信会计出版社，2002．

[26] 童慧明．100年100位产品设计师[M]．北京：北京理工大学出版社，2004

[27] 王吉军，岳同启，张建明，等．客户广义需求分类体系研究[J]．大连大学学报，2002，23(6)48-55．

[28] 王继成．产品设计中的人机工程学[M]．北京：化学工业出版社，2004．

[29] 阎平．创造性思维[M]．西安：陕西人民出版社，2001．

[30] 杨立川．流行性传播现象初探[J]．今传媒，2006(2)：16-17．

[31] 杨琪．艺术学概论[M]．北京：高等教育出版社，2003．

[32] 余小梅．广告心理学[M]．北京：北京广播学院出版社，2003．

[33] 张春兴．心理学研究本土文化取向的理论与实践[J]．心理科学，2004，27(2)：420-422．

[34] 张乃仁．设计辞典[M]．北京：北京理工大学出版社，2002．

[35] 张乃仁．日本优秀工业设计100例[M]．马卫星，译．北京：人民美术出版社，1998．

[36] 张祥云．人文教育：复兴"隐喻"的价值和功能[J]．高等教育研究，2002(1):34-39．

[37] 章利国．现代设计美学[M]．郑州：河南美术出版社，1999．

[38] 赵江洪．设计心理学[M]．北京，北京理工大学出版社，2004．

参考文献